KB068479

# 기술사
## 합격의 단축키

초판 1쇄 발행   2020. 9. 1.
　　2쇄 발행   2022. 11. 1.

**지은이**  기구미
**펴낸이**  김병호
**펴낸곳**  주식회사 바른북스

**편집진행**  김수현
**디자인**  양현경

**등록**  2019년 4월 3일 제2019-000040호
**주소**  서울시 성동구 연무장5길 9-16, 301호 (성수동2가, 블루스톤타워)
**대표전화**  070-7857-9719 | **경영지원**  02-3409-9719 | **팩스**  070-7610-9820

•바른북스는 여러분의 다양한 아이디어와 원고 투고를 설레는 마음으로 기다리고 있습니다.

**이메일**  barunbooks21@naver.com | **원고투고**  barunbooks21@naver.com
**홈페이지**  www.barunbooks.com | **공식 블로그**  blog.naver.com/barunbooks7
**공식 포스트**  post.naver.com/barunbooks7 | **페이스북**  facebook.com/barunbooks7

ⓒ 기구미, 2022
**ISBN** 979-11-6545-149-3 93540

우리의 목표는 합격이 아니다!
빨리 합격하는 것이다!

# 기술사
## 합격의 단축키

기구미 지음

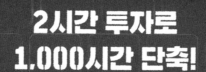

2시간 투자로
1,000시간 단축!

기술사 프로그램 무료 다운로드

기출문제분석,
학습계획일정표,
모의테스트 프로그램

바른북스

프롤로그

# 기술사 합격의
# 단축키를 말하다

저는 이 책을 통해서 단순히 기술사 합격의 Know-How를 알려 드리고자 하는 것은 아닙니다. 포기하지 않고 꾸준히 공부를 한다면 언젠가는 기술사에 합격할 것임을 잘 알고 있기 때문입니다.

이 책을 읽고 있는 여러분의 마음속에는 '기술사 합격'이 아닌 또 다른 목표가 존재합니다. 그 목표는 '하루라도 빨리 기술사에 합격'하는 것입니다. 여러분은 2~3년을 목표로 공부를 시작하지는 않았을 것입니다. 최소 1년 이내 또는 6개월 이내에 합격하겠다는 목표를 가지고 있다는 것입니다.

이런 목표를 달성하기 위해 누구보다도 더 많은 자료를 수집하고 좀 더 효율적인 공부방법을 찾으려고 노력합니다. 인터넷 검색창을 통해 '공부방법'을 검색하면 각종 도서와 블로그, 유튜브까지 많은 정보가 넘쳐흐르는 세상입니다. 그럼에도 어떻게 공부해야 할지 '막연한 마음'과 그 가운데에 자리 잡은 '조급한 마음'은 좀처럼 쉽게 사라지지 않을 것입니다. 그 이유는 빨리 합격하기 위한 최적의 공부방법이나, 한 권만 보면 합격할 수 있는 수험 교재는 세상 어디에도 존재하지 않기 때문이죠. 어떻게 보면 여러분은 잘못된 장소에서 잘못된 정보를 찾아 헤맸을 수도 있습니다. 그 장소는 인터넷이나 학원이 아닌 자신의 내면에 있음을 인지하셔야 합니다. 지금 이 순간부터는 외부가 아닌 자신의 내면에 존재하는 '합격의 단축키'를 찾아갈 것입니다.

합격하기 전에는 죽어도 보이지 않던 것이 합격하고 나서야 비로소 보이는 것이 있습니다. 그것이 바로 합격의 단축키입니다.

그것은 공부방법이 될 수도 있고 마음가짐일 수도 있습니다. 합격자마다 다르게 느낄 수도 있고 같게 느낄 수도 있습니다. 그리고 아주 사소한 것일 수도 있고 대단히 큰 것일 수도 있습니다. 그것을 찾으면 6개월이 아닌 3개월 안에 합격할 수도 있습니다. 여러분은 합격이라는 목표점에 도달하기 전에 그것이 무엇인지 찾아야 합니다.

그러기 위해서는 기술사 시험의 시작부터 합격에 이르기까지 큰 (전체의) 흐름을 이해하여야 합니다. 그리고 전력 질주를 위해 버려야 할 많은 것들을 고민하고, 올바른 방향을 선택하여야 합니다.

어렵지 않습니다. 새롭지도 않습니다. 이 책에서는 흔히 우리가 알고 있는 공부방법을 순서대로 나열하고 '왜?'라는 질문을 할 것입니다. 여러분은 인터넷 검색창을 통해 공부방법을 검색하듯 책을 읽는 중간중간 자신에게 '왜?'라는 질문을 던지셔야 합니다. 자신에게 던지는 질문이 내면에 있는 단축키를 검색하는 유일한 방법임을 잊지 마시기 바랍니다.

여러분은 '호기심'과 '자신감'만 준비하시면 됩니다. 그리고 2시간 이면 충분합니다.

목차

# 어떻게(How)

# 왜(Why)

# 시험(Pass)

# 실행(Action)

현명한 사람은 자신만의 방향을 따른다.

-에우리피데스

호름을 타다
(FLOW)

# 선순환 공부법?

## 시작의 중요성

세상의 모든 일에는 절차(순서)라는 것이 있습니다. 일이 순조롭게 술술 풀린다는 것은 과정이 '선순환'을 하기 때문입니다.

'선순환'은 각각의 과정이 다음 과정을 순조롭게 진행할 수 있도록 도와주는데, 만약 어떤 과정에서 문제점이 발생하여 다음 단계로 넘어가지 못하거나 역행을 한다면 이는 '악순환'을 하기 때문입니다. 우리는 이런 '악순환'을 다시 '선순환' 구조로 바꾸기 위해서 절차를 바꾸거나 선순환을 방해하는 요소를 제거해야 합니다.

저는 '선순환'이라고 하면 가장 먼저 떠오르는 이미지가 '비' →

'강' → '바다' → '구름' → '비'입니다. 이것 말고도 건강한 신체에서 일어나는 현상이나 정치나 경제에서의 '선순환'을 생각하는 분들도 있을 것입니다. 그리고 이러한 과정 중 한 곳에서 문제점이 발생한다면 신체는 병들고 경제는 혼란이 온다는 사실입니다.

좋은 방향이든 나쁜 방향이든 순환을 한다는 것은 파급력을 가지고 있습니다. 파급력은 순환의 방향으로 점점 확대되어 다음의 절차에 커다란 영향을 미칩니다. 이와 같이 우리는 선한 영향력을 기술사 공부라는 Cycle에 반영할 수 있도록 노력해야 합니다. 선순환의 흐름을 타면 더욱 적은 노력으로 더 큰 결실을 이룰 수 있기 때문이죠.

그렇다면 선순환의 흐름을 어떻게 타야 할까요? 제일 쉬운 방법은 선순환의 흐름을 이해하고 흐름의 시작점에 서 있으면 됩니다. 순환이라고 해서 시작점이 없는 것은 아닙니다. 구글의 '검색 로봇'이나 우리나라 경제발전에서 '고속도로' 건설이 시작점인 것과 같이 기술사 공부의 시작점으로 가서 서 있으면 됩니다.

## 선순환의 흐름

공부를 할 때 선순환 과정은 Why → What → How 순으로 흘러갑니다.

그런데 대부분은 역순으로 시작하죠. 제일 먼저 'How'를 찾습니다. 합격의 'Know-How'를 찾아 헤매죠. 조급한 마음에 선순환의 과정을 차근차근 이행하지 못하고, 벌써 순환의 마지막 단계에 도달해 있습니다.

"어떻게 공부해야 하나요?"
"하루에 몇 시간을 공부해야 할까요?"
"서브노트를 직접 만들어야 하나요?"
"좀 더 잘 정리된 노트는 없나요?"
"볼펜은 몇 ㎜가 좋나요?"
"시험은 몇 Page를 채워야 하나요?"

이렇게 순환의 과정의 마지막 단계에서 시작하면 필연적으로 반대 방향으로 흐르게 됩니다. How → What → Why 순으로 말이죠. 왜냐하면 3가지의 과정은 무조건 거쳐 가야 하기 때문입니다. 흐름의 반대 방향으로 진행하기 위해서는 많은 에너지가 소모됩니다. 마치 강물을 거슬러 올라가는 것과 같은 이치입니다.

이 책을 읽는 동안 여러분은 현재 어느 지점에 서서 어떤 방향으로 진행하고 있는지 되돌아보는 시간이 되었으면 좋겠습니다.

# 매끄럽게 흘러가기

## 슬립스트림(Slipstream)

1990년 '폭풍의 질주(Days of Thunder)'란 영화에서 콜 트릭클(톰 크루즈 분)은 자동차 레이싱 경기에서 우승하는 방법에 대해 이렇게 이야기합니다.

"앞서가는 차 뒤에 차가 붙으면 공기 저항이 줄어 속도가 빨라져! 흥미로운 건 선두의 차는 힘껏 밟아야 하지만 뒤차는 힘이 남아돌아. 그리고 마지막 바퀴에서 앞차를 추월해 힘껏 질주하여 우승으로 골인하면 돼!"

동계올림픽 쇼트트랙 경기를 보면 우리나라 선수들이 선두에 서지 않고 2, 3위로 달리다가 마지막 바퀴에서 막판 스퍼트로 결승점에 들어가 금메달을 따는 모습은 손에 땀을 쥐게 합니다. 경기 중 아나운서와 해설위원의 '선두의 뒤에서 체력을 비축해야 한다.'는 말을 종종 들었을 것입니다.

### 슬립스트림(slipstream)

1. 경주용 자동차 등 빠르게 움직이는 바디 뒤에 공기 압력이 줄어드는 부분. 슬립스트림을 타려고 할 때 레이서는 앞쪽에 있는 참가자와 똑같은 에너지를 쏟을 필요가 없으며, 에너지 중 일부분을 공기 저항을 극복하는 데 사용한다.
2. 다른 참가자의 슬립스트림을 타는 것으로, 공기 저항을 줄여 주는 이점을 갖게 된다.

출처: 네이버 지식백과/체육 대사전

실제로 카레이싱뿐만 아니라 쇼트트랙, 바이시클 등 레이싱 경기에서 공기의 저항을 최소화하고 역으로 선두가 후미의 경쟁자를 이끌어 가는 효과를 이용하는 것은 레이싱 경기에서는 보편적인 전략인 것 같습니다.

슬립스트림 외에도 선수의 복장이나 헬멧 등에서 '공기 저항'을 줄이고 자동차를 유선형으로 설계하는 등, 우승을 위해 과학적인 노력을 하고 있음을 잘 알고 있습니다.

## 공부에도 저항이 있다

이렇듯 목표를 향해 나아가다 보면 자연스럽게 '저항'을 받게 되는데 공부도 마찬가지입니다. 이런 '저항'은 공부를 방해하는 요소이며 자칫 '악순환'을 반복하게 하는 요소이기도 합니다.

이런 '저항'의 대부분은 '조급함' 때문에 발생합니다. 마음만 급하다고 빨리 갈 수 있는 것은 아닙니다. 그럼에도 급한 마음에 무엇인가 추월하여 선두에 서고 싶은 마음이 간절할 것입니다. 그런데 공부에서는 선두에 선 자동차도 후미에 있는 자동차도 본인임을 아셔야 합니다. 모든 저항은 여러분 스스로 만들게 되고, 만들어진 저항은 고스란히 본인이 감당해야 하는 것입니다.

여러분은 여러분에게 발생하는 저항을 인지하고, 저항을 줄이기 위해 선행되어야 할 것이 무엇인지 알게 된다면 '슬립스트림'과 같이 어렵지 않게 목표에 도달할 수 있을 것입니다.

# 지금 중요한 건
# 속도가 아니라 방향이다

.

## 정확한 방향설정

여러분은 지금 목표를 달성하기 위한 시작점에 서 있습니다. 현
위치에서 목표를 바라보면 그것이 방향이 되는 것입니다. 그런데 목
표는 정확한데 방향을 잘 알지 못합니다. 그건 어찌 보면 당연한 일
입니다. 목표가 너무 멀리 있어 아직은 잘 보이지 않기 때문이죠. 그
런데 목표도 보이지 않는데 달리기 시작합니다. 그것이 옳은 방향인
지 잘못된 방향인지도 모른 채 말입니다.

목표점에 빨리 도달하기 위해서는 단순히 스피드만 있어서는 안
됩니다. 정확한 방향으로 달려야 합니다. 시작하는 단계에서 방향은
매우 중요합니다. '시작이 반'이라는 말이 있죠. 여러분이 기술사 합

격을 위해 공부를 시작했다면 벌써 절반은 이루었습니다. 그렇지만 말대로 벌써 절반의 지점에 도달했다고 가정한다면 어느 방향으로 절반을 전진했느냐 하는 문제가 발생합니다. 그래서 무턱대고 공부를 시작하는 것은 오히려 많은 노력과 시간을 낭비할 수 있습니다.

우리가 목적지에 도달하기 위해 지도와 나침반을 이용하는 것처럼 기술사 공부도 마찬가지입니다. 잘못된 방향으로 진행하지 않기 위해 시험을 준비하는 시작점부터 정확한 방향을 설정하여야 합니다. 그리고 목표에 이르기까지 올바른 방향으로 진행되고 있는지 점검하고 다시 설정하는 일은 매우 중요한 일입니다. 자칫 잘못된 방향으로 너무 멀리 벗어나지 않기 위해서 말입니다. 일반적으로 기술사 공부의 방향을 잡기 위해 몇 가지 나침반을 활용합니다.

**기술사 공부의 나침반**

1. 벤치마킹 – 준비시점 – Why 단계

2. 기출문제 분석 – 시작시점 – What 단계

3. 첫 시험 – 중간시점 – How 단계

위 세 가지 나침반은 목표에 도달하기 전까지 각기 다른 지점에서 진행 방향을 제시할 것입니다.


## 벤치마킹

벤치마킹은 기술사 공부를 해야겠다고 결심을 했을 때 주로 사용하는 나침반입니다. 이미 기술사에 합격하신 선배님의 합격수기나 학원 강사님이 말씀해 주시는 공부방법을 벤치마킹하는 방법입니다. 지금 여러분이 읽고 있는 이 책도 벤치마킹의 한 가지 사례입니다. 벤치마킹은 공부를 본격적으로 시작하기 전에 유용하며 때로는 동기부여에 큰 도움을 주기도 합니다.

이렇게 벤치마킹을 통해 공부의 방향을 설정할 때 주의해야 할 점이 몇 가지 있습니다.

### 첫째, 스마트만 찾지 마라!

프롤로그에서도 말씀드렸지만 여러분의 마음에는 '합격'이 아닌 '최대한 빨리 합격'이라는 목표가 존재합니다. 그래서 선배님의 조언 중 시간이 소요되고 어렵고 힘든 내용보다 쉽고 빠른 학습법을 골라 듣게 됩니다. 대표적인 것이 '이 서브노트만 보면 합격한다.'입니다. '서브노트'가 만들어지는 과정이나 이유는 쉽게 잊어버리죠. 또는 '3

개월 만에 합격했어!'처럼 3개월 동안 어떤 각오로 어떻게 공부했는지는 잊어버리고 단순히 '3개월'이라는 기간만 머릿속에 남게 되죠. 그래서 학습 전 과정의 흐름을 생각하지 않고 한 가지에만 몰두하는 경우를 종종 볼 수 있습니다. 이렇게 스피드만 찾다 보면 여러 가지 저항에 부딪혀 오히려 앞으로 진행하기 힘든 상황에 직면할 수 있습니다.

주제: 객관적인 정보는 없다.

정보라는 것은 조언을 해 주는 분마다 의견이 다를 수도 있고 받아들이는 사람마다 다르게 이해할 수 있습니다. 그리고 합격자가 시험을 치를 당시의 상황과 현재 본인의 상황이 다르기 때문에 그대로 적용하기에는 어려움도 존재합니다. 이런 점은 가끔 여러분의 마음을 혼란스럽게 하기도 하며, 오히려 잘못된 방향으로 안내하기도 합니다. 간단한 예로 학원 수강을 해야 할지 말아야 할지로 많은 시간을 고민하는 경우를 보았습니다. 그래서 겨우 학원 강의를 듣기로 결심했는데, 이번에는 인강을 들어야 할지 직강을 들어야 할지 어느 학원을 다녀야 할지 고민을 합니다. 그래서 여러 선배님께 조언을 구하지만 의견은 각기 다를 것입니다. 단순히 학원에 대한 예를 들었지만 기술사 공부를 하다 보면 답도 없는 고민에 빠지게 되는 경우가 있는데 이런 경우는 본인 스스로 빠른 결정을 하는 것이 더욱 효율적입니다.

'왜 그렇게 해야 하는지?'를 알아야 하는데 처음으로 도전하는 시험이라 깊이 있게 생각하지 못합니다. '어떻게 해야 할지?'도 모르는데 거기에다 '왜 그렇게 해야 되는지?' 고민하는 것은 참으로 어려운 일입니다. 어떤 일이든 확신이 없다면 오랜 기간을 유지하기 힘듭니다. 학습법도 '이렇게 공부하면 도움이 될 거야!'라는 확신이 있어야 목표점에 도달할 때까지 흔들리지 않고 차근차근 학습을 할 수 있을 것입니다. 이러한 확신을 가지기 위해서는 '왜 그렇게 해야 하는지?'에 대한 이해가 필요합니다. 그런데 많은 합격수기를 보면 어떻게(How) 해서 합격했다는 내용이 주를 이룹니다. 아마도 왜(Why)?라는 내용까지 설명드리기에는 한두 페이지 분량의 합격수기가 부족해서일 것입니다. 물론 어떻게(How) 위주의 합격수기도 받아들이는 사람에 따라 큰 도움이 될 것입니다. 하지만 한 번쯤은 합격수기를 쓴 합격자의 공부법에 '왜(Why)?'라는 의문과 그 이유를 알아보는 것도 큰 도움이 될 것입니다.

목표점에 도달하기까지 많은 어려움이 있지만 '할 수 있다.'는 자신감을 찾는 것이 벤치마킹에서 제일 중요한 부분인 것 같습니다. 기구미 카페에 올라오는 많은 합격수기를 보면 일맥상통하는 점이 있는데 짧게 정리하자면 이렇습니다.

'고생해서 합격했어!(고진감래)'

　고생에 대한 부분을 읽어 보면 앞이 깜깜합니다. 수년간 공부하신 분, 명절에도 공부하신 분, 회식은 물론 경조사에도 참석하지 못하신 분 등 그만큼 열심히 하신 고생담입니다. 그렇지만 결론은 합격입니다. 저 정도로 고생도 하지 않고 합격을 한다면 합격이 그렇게 달콤하지도 않을 것입니다. 달콤함을 맛보기 위한 고생은 당연한 것이라 생각하세요. 그리고 '나도 할 수 있다.'라는 점을 생각하며 자신에게 자주 '동기부여'를 하셔야 합니다.

　《기술사 합격의 단축키》가 어쩌면 여러분의 첫 번째 나침반이 될 수도 있다는 점에 한편으로는 신중하고 무거운 마음이 들지만 이 책을 통해 합격까지의 전체의 흐름을 파악하고 방향을 설정하는 데 도움이 되었으면 하는 마음입니다.

## 기출문제 분석과 첫 시험

　기출문제 분석은 무엇을(What) 공부해야 할지의 나침반이 될 것이며, 첫 시험은 어떻게(How) 공부해야 할지 나침반이 되어 줄 것입니다. Why → What → How라는 선순환의 흐름에서 각 단계마다 방향을 제대로 설정하고 있는지 잠시나마 고민해 보셔야 합니다. '기출문제 분석'과 '첫 시험'으로 방향을 설정하는 것은 크게 어렵지 않습니다. 그렇지만 목표에 도달하기 위한 과정의 일부라고 생각하고 물 흐르듯 지나쳐 버린다면 향후 더 많은 노력을 들여야 합니다. 모든 과정마다 올바른 방향으로 진행하고 있는지 살펴볼 수 없지만 적어도 기출문제 분석과 시험을 치른 후 만큼은 반드시 Feed-Back을 해 보는 시간을 가지셔야 합니다. 방향의 설정은 단 한 번으로 끝나는 것이 아니라 그 과정마다 반복적으로 이루어져야 합니다. Feed-Back을 통해 자신의 부족한 점과 비효율적인 공부방법을 찾는 것이 합격으로 가는 시간을 단축시켜 줄 것이라 저는 확신합니다.

'기출문제 분석'과 '첫 시험'에 대한 설명은 다음 장에서 조금 더 상세히 다룰 것이기 때문에 이 장에서는 큰 개념(필요성)만 설명드렸습니다.

## 다음 Chapter로 넘어가기 전에

책을 읽기 전 목차부터 보았다면 여기까지 읽는 내내 약간의 혼란이 있었을 것이라는 생각이 듭니다. 공부의 선순환과 목차의 순서가 조금 어긋나 있기 때문입니다. 제가 선순환의 시작점인 'Why'를 'How' 다음에 두는 이유는 'Why'가 전체 흐름 중 가장 중요한 부분이란 생각이 들어서입니다. 책을 읽으며 혼선이 없기를 바라며 다음 Chapter는 'What'부터 시작합니다.

## 〈흐름을 이해하기〉

선수학의 흐름

Why → What → How


슬립스트림

저항 줄이기

'조급함' 버리기


흐름의 방향

나침반 활용하기

벤치마킹 - 준비시점 - Why - 동기부여

기출문제 분석 - 시작단계 - What - 계획수립

첫 시험- 중간단계 - How - 반복학습

무엇을 아끼고 무엇을 버릴 것인가를 바로 알아서
행동하면 현명한 사람이다.

- 린위탕

# CHAPTER
# 2

# 무엇을
# (WHAT)

# 막막할 땐 수치화가 답이다

## 막연한 마음?

대부분 기술사 공부를 시작한다고 하면 제일 먼저 '학원을 다닐 것인지 말 것인지'를 고민하는 경우가 많습니다. 때로는 덥석 교재를 구매하기도 합니다. 그런데 학원에 다니든, 인강을 듣든, 독학을 하든 간에 공부를 시작하는 시점에서는 무엇을 공부해야 할지 막연한 마음은 여전합니다.

학원에서는 두꺼운 교재를 팔았으니 어떻게든 진도를 나가는 경우가 있을 것이고, 어떤 학원은 잘 정리된 서브노트를 나눠주고 서브노트 위주의 수업을 하기도 합니다. 수업 중 중요하다고 하는 부분에 별표를 치고 형광펜을 치며 나름 열심히 정리를 하지만 막연한 마음은 금방 해소되지 않습니다.

혼자 공부하는 경우는 어떨까요?

처음에는 교재를 마치 한 달 만에 독파할 것처럼 하루 공부량을 정하고 공부를 시작하지만 며칠 되지 않아 슬슬 지쳐 갑니다.

## 진단하기

무엇을 해야 할지 막연한 느낌이 든다.
체계적인 학습계획을 수립하기가 힘들다.
공부를 해도 진도가 나가지 않는다.
공부의 양에 시작할 엄두가 나지 않는다.
뭔가 준비가 부족한 것 같고 보다 좋은 학습 자료를 찾고 싶다.
공부하고 있는 문제(키워드)가 시험에 출제될지 의구심이 든다.

위 증상[*]들은 무엇을 공부해야 할지 모를 때 나타나는 증상들입니다. 무엇을 공부할지 정하지 않고 암기를 하거나 서브노트를 작성하

......................................

[*]  공부 중 저항을 받아 느끼는 상태를 말하며, 이하 증상은 저항과 같이 혼용하여 사용함.(증상 = 저항)

면서 느끼는 증상이라고 말씀드려야 정확한 설명인 것 같습니다.

지금 각자 공부하고 있는 교재의 마구리를 한번 보았으면 합니다. 책을 한 번쯤 다 보신 분들은 덜 하겠지만 기술사 공부를 여러 번 도전하신 분들이라면 마구리*의 초반부는 손때가 묻어 새까맣게 되어 있을 것입니다.

책이라는 것이 습관적으로 처음부터 읽어 가다 보니 어쩌면 당연한 결과일 수 있습니다. 대부분 얼마 정도 진도를 나가다가 며칠 또는 몇 주간 쉬었다가 다시 책을 펼치기를 반복합니다. 며칠 전에 본 내용이지만 기억도 잘 나지 않고 진도도 얼마 나가지 않아 다시 처음부터 보기 시작하겠죠. 그래서 처음부터 일정 범위만 수차례 공부하여 그 부분만 새까맣게 되는 거죠. 특히 학원을 다니지 않고 혼자 공부하는 분들은 더욱 그럴 것입니다.

때로는 기술사에 합격한 선배님이 주신 서브노트를 받거나, 블로그나 카페를 찾아 시험에 대한 정보를 얻습니다. 여기저기 좋다고 하는 서브노트와 기타 자료들을 수집하고 나면 뿌듯한 마음이 들기도 합니다. '이것만 다 보면 합격할 것 같아!'라는 마음으로 암기를

........................................

\*    책의 앞마구리를 말하며 책의 표지를 바라봤을 때 우측면으로 '책배'라고 함. 길쭉한 토막, 상자 따위의 양쪽 머리 면을 표현하는 순우리말.

시작합니다. 그렇지만 수집한 양이 많으면 많을수록 공부할 엄두가 나지 않습니다.

바쁜 시간을 쪼개어 학원을 다니는 경우라면 그나마 다행입니다. 강사님이 중요하다고 하는 문제를 조금 더 집중적으로 공부하며 진도를 1 Cycle 돌고 나면 혼자 해도 되겠다는 자신감이 생기기 때문입니다. 그렇지만 교재 전체를 다 보아야 할지 말아야 할지 의구심은 자꾸자꾸 듭니다.

무엇을 공부해야 할지 말지를 결정을 하지 못하면 학습계획을 수립하기도 쉽지 않습니다. 그저 정해놓은 시간 동안 열심히 하면 합격하겠지 라는 희망으로 최선을 다하고 있을지도 모릅니다. 이런 분들의 문제점(특징)은 무엇을 공부해야 할지 버려야 할지에 대한 분석도 없이 무작정 덤비는 말 그대로 맨땅에 헤딩하는 스타일입니다.

## 공부 못하는 학생의 특징

- 공부계획을 안 세웠거나 구체적이지 않다.
- 교과서 모든 부분에 밑줄을 긋는다.
- **한꺼번에 많은 양을 공부하려다 포기를 한다.**
- 수시로 공부량을 확인한다.

## 막연함 털어버리기(수치화하기)

공부를 하기 전에 막연함을 털어버린다는 것은 무엇을 공부할지를 분명히 하는 것입니다. 무엇을 공부할지가 결정되어야 계획을 세울 수가 있습니다. 학습계획을 세우거나 서브노트를 만들거나 암기를 하려고 한다면 아래의 질문을 먼저 해 보는 것이 도움이 될 것입니다.

"이 두꺼운 책을 모두 외워야 할까?"
"기술사 수험서를 무조건 처음부터 보아야 하나?"
"토공사를 이해하지 못하면 철근콘크리트공사를 이해하지 못할까?"
"과연 모든 과목이 골고루 시험에 출제될까?"

이 질문의 근본적인 대답은 기출문제에 있습니다. 출제자가 중요하게 생각하는 문제. 즉 출제빈도가 높은 문제는 반드시 있습니다. 기출문제 분석을 통해 무엇을 공부할 것인지 사전에 결정하고 학습계획을 수립하여 차근차근 확장해 가야 합니다.

일반적으로 기출문제를 분석한다고 하면 Q-net에 접속하여 기출문제를 다운로드받고 어떤 문제가 나왔는지 눈으로 읽어 볼 것입니다. 조금 부지런한 경우는 기출문제를 연도별, 과목별로 정리합니다. 그리고 A3 사이즈의 용지에 출력을 하고 공부를 하면서 관련 문제가 시험에 출제되었는지를 살펴보기도 합니다. 나름 일목요연하게 정리를 하였지만 이러한 방식은 '기출문제 분석'이라기보다는 '기출문제 파악'이라는 말이 적절할지도 모릅니다.


## 수치로 나타내기

단순히 연도별이나 과목별로 문제를 모아 보는 것보다는 출제율을 항목별로 구분하여 수치로 나타내면 좀 더 객관적인 정보를 얻을 수 있습니다. 아날로그 방식의 기출문제만 모아 두고 보는 것은 중요한 부분을 찾아내거나 무엇을 버려야 할 것인지 결정하기가 쉽지 않습니다. 아날로그 방식으로 두세 차례 반복하면서 공부하다 보면 중요한 문제와 그렇지 못한 문제들이 눈에 들어오기 시작하는데 이미 많은 시간을 쓸데없는 문제를 정리하느라 시간 낭비를 한 후입니다. 그리고 미리 정리해둔 문제(키워드)는 중요성이 떨어져도 버리지 못하고 그냥 습관적으로 외우고 있는 경우도 발생합니다.

우리에게 주어진 시간이 넉넉하지 않습니다. 그리고 머리의 한계도 있을 것입니다. 이런 한계를 극복하려면 중요한 문제부터 시작해야 합니다.

먼저 과목별 출제율을 분석하여 어떤 과목부터 공부해야 할지 결정하여야 합니다. 다음에 서브노트를 작성할 키워드의 우선순위를 정해야 합니다. 마지막으로 수집한 수많은 자료 중 버려야 할 것이 무엇인지를 결정해야 합니다. 시험에 출제될 확률이 0.1%의 문제를 정리하고 암기할 것인지 아니면 10% 확률의 문제를 정리하고 암기할 것인지 서브노트를 작성하기 전에 판단하여야 합니다.

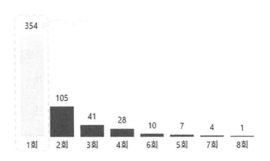

〈출제빈도 수치화/출제빈도별 키워드 수〉

건축시공기술사에서 최근 10년간 출제된 기출문제를 분석한 자료를 보면 지금까지 1회만 출제된 키워드는 총 키워드 550개 중 354개로 64.4%를 차지합니다. 최근 10년간 1회 출제된 키워드이니 출제확률은 3.3%입니다. 반대로 8회 출제된 키워드는 출제확률이 26.7%로 누가 생각해도 출제빈도가 높은 키워드 순으로 공부할 것입니다. 여기에서 1회만 출제된 키워드만 덜어내도 공부해야 할 분량이 64.4%가 줄어들게 되죠. 부족한 시간을 아낄 수 있고 암기해야 할 것이 줄어들고 집중해야 할 것이 무엇인지 분명해집니다.

이러한 결정을 하기 위해서는 눈에 보이는 객관적인 수치가 있어야 합니다.

# 기출문제를 분석하라!

## 기출문제 분석

이제 기출문제를 분석해 보겠습니다. 기출문제 분석은 지도를 펴고 목적지로 가는 최단거리를 찾아내는 과정입니다. 방향이 분명하면 막연한 생각도 줄어듭니다. 저는 기출문제 분석을 위해 우리가흔히 사용하는 Microsoft사의 Excel이라는 오피스 프로그램을 활용했습니다. 분석을 위해서는 Excel 함수를 조금은 알고 있어야 합니다. Excel로 기출문제를 분석하는 방법에 대한 내용은 이후에 별도로 설명해 드릴 것이며, 이번 장에서는 분석 내용에 집중하시면 좋을 것 같습니다.

기출문제를 분석하기 위해서는 몇 가지 기준을 수립하는 것이 좋습니다. 저는 아래와 같이 기준을 정하였습니다.

◆ 분석 기간: 최소 10년간의 기출문제 분석!

◆ 과목: 분량에 따라 나누거나 병합!

◆ 키워드: 문제의 키워드 추출 및 유사문제 그룹화!

| | A | B | C | D | E | F | G |
|---|---|---|---|---|---|---|---|
| 1 | 년도 | 회차 | 교시 | 번호 | 문제 | 단원(과목) | 키워드 |
| 2 | 2018 | 116 | 1 | 7 | 마이크로파일공법 | 기초공사 | 마이크로파일 |
| 3 | 2018 | 116 | 1 | 8 | 콘크리트 진공배수공법 | 특수콘크리트 | 진공 콘크리트 |
| 4 | 2018 | 116 | 1 | 9 | 열관류율 | 단열/차음공사 | 열관류율 |
| 5 | 2018 | 116 | 1 | 10 | 알루미늄 거푸집공사 중 Drop Down System 공법 | 거푸집 | AL Form |
| 6 | 2018 | 116 | 1 | 11 | 건설업 기초안전보건교육 | 공사관리 | 기초안전보건교육 |
| 7 | 2018 | 116 | 1 | 12 | 비탈형 거푸집 | 거푸집 | 비탈형 거푸집 |
| 8 | 2018 | 116 | 1 | 13 | 균형철근비 | 일반구조 | 균형철근비 |
| 9 | 2018 | 116 | 2 | 1 | 철골공사 현장용접 검사방법에 대하여 설명하시오. | 철골공사 | 비파괴시험 |
| 10 | 2018 | 116 | 2 | 2 | 건축물에 작용하는 하중에 대하여 설명하시오. | 일반구조 | 하중 |
| 11 | 2018 | 116 | 2 | 3 | 건축공사 시 단계별 공기지연 발생원인과 방지대책에 대하여 설명 | 공정관리 | 공기지연 |
| 12 | 2018 | 116 | 2 | 4 | 흙막이공법을 지지방식으로 분류하고 Top-Down 공법으로 시공계 | 토공사 | Top Down |
| 13 | 2018 | 116 | 2 | 5 | 경량기포 콘크리트의 종류 및 선정 시 고려사항에 대하여 설명하시 | 특수콘크리트 | 경량 콘크리트 |
| 14 | 2018 | 116 | 2 | 6 | 단열재 시공부위에 따른 공법의 종류별 특징과 단열재 재질에 따른 | 단열/차음공사 | 단열공법 |

〈Excel Sheet에 기출문제를 정리〉

알려 드린 기준으로 기출문제를 Excel Sheet에 정리를 하면 위 그림과 같이 년도, 회차, 교시, 번호, 문제, 단원(과목), 키워드로 정리할 수 있습니다. 위와 같이 정리된 부분을 Data Table이라 합니다.

## 분석 기간 설정

몇 년간 출제된 문제를 분석해야 하는지에 대한 결정입니다. 분석

할 기출문제가 많으면 많을수록 좋겠지만, 정리에 많은 시간이 소요되니 적당한 기간을 설정하여 정리하는 것을 권장합니다. 저는 2008년도에 응시를 해서 실제로는 약 7년간 출제된 문제를 분석하고 정리를 하였습니다. 이유는 현재와 같은 단답형 13문항과 서술형 6문항의 출제방식이 2001년부터 바뀌었기 때문입니다. 그래서 과감하게 그전에 나온 문제는 제외하였습니다.

응시과목마다 다르겠지만 1년에 3회의 시험을 치른다고 가정하고 기출문제 수를 계산을 해 보겠습니다. 1회차에 총 31문항이 출제되니 1년에 93문항이 출제됩니다. 10년 치를 분석한다면 930문항이 되겠네요. 930문항이면 적당한 양이라고 생각 듭니다. 이 중에는 여러 번 출제된 문제도 있고 딱 1번만 출제된 문제도 있어 실제로 출제된 문제 수로 따지면 930문항 이하일 것입니다.

## 과목 입력

각각의 문제가 포함되는 과목을 입력합니다. 과목을 입력하는 이유는 제일 먼저 시작할 과목을 결정하기 위함입니다. 시험에 자주 나오는 과목은 다른 과목에 비해 공부할 분량이 많고, 그만큼 공부의 범위도 넓고 중요하다는 의미겠죠. 학습계획을 수립하기 위해서는 반드시 필요한 과정입니다.

과목을 입력할 때 교재에서 분류된 대로 입력하면 무난하지만 경우에 따라서는 과목별 분량에 따라 적절히 나누거나 병합하는 것이 좋습니다. 예를 들면 건축시공기술사에서 철근콘크리트는 철근, 거푸집, 콘크리트, 특수콘크리트로 나누어 분석을 하고, 반대로 병합해야 하는 과목이 생길 수도 있습니다.

과목별 분석표를 보면 출제율이 표시되어 있습니다. 본인이 응시할 회차에 위와 똑같은 출제율로 출제되지 않겠지만 그동안 통계를 내어보니 대체적으로 표와 같이 출제되었다는 뜻입니다. 시험은 4교시 동안 총 31문항이 출제되니 출제율이 3% 미만은 1문제가 나올지 말지 하는 과목들입니다. 그렇다고 공부를 하지 않겠다는 의미는 아닙니다. 우선순위를 정하는 것입니다.

위 분석표로 건축시공기술사의 우선순위를 정한다면 콘크리트 → 토공사 → 철골공사 …… 순으로 공부하는 것이 좋습니다. 우선순위를 정하는 이유는 시험준비 기간이 부족해서 전체를 공부하지 못하는 경우를 대비하기 위함입니다. 예를 들어 3개월의 기간을 두고 시험에 응시하고자 한다면 전 과목을 보기보다는 중요한 과목 순으로 50~60% 정도만 공부하고 시험에 응시하는 것입니다.

| 구분 | 출제빈도 | | | 출제율(%) | | | 순위 | | |
|---|---|---|---|---|---|---|---|---|---|
| | 서술형 | 단답형 | 단답율 | 서술형 | 단답형 | 합계 | 서술형 | 단답형 | 합계 |
| 콘크리트 | 50 | 47 | 48.5% | 9.26% | 12.05% | 10.43% | 1 | 1 | 1 |
| 토공사 | 43 | 33 | 43.4% | 7.96% | 8.46% | 8.17% | 4 | 2 | 2 |
| 철골공사 | 44 | 31 | 41.3% | 8.15% | 7.95% | 8.06% | 3 | 3 | 3 |
| 공사관리 | 45 | 21 | 31.8% | 8.33% | 5.38% | 7.10% | 2 | 7 | 4 |
| 특수콘크리트 | 36 | 22 | 37.9% | 6.67% | 5.64% | 6.24% | 5 | 6 | 5 |
| 기초공사 | 27 | 28 | 50.9% | 5.00% | 7.18% | 5.91% | 7 | 4 | 6 |
| 시공의근대화 | 28 | 25 | 47.2% | 5.19% | 6.41% | 5.70% | 6 | 5 | 7 |
| 거푸집 | 24 | 17 | 41.5% | 4.44% | 4.36% | 4.41% | 8 | 8 | 8 |
| 초고층공사 | 22 | 11 | 33.3% | 4.07% | 2.82% | 3.55% | 10 | 11 | 9 |
| 공해/해체/폐기물 등 | 23 | 9 | 28.1% | 4.26% | 2.31% | 3.44% | 9 | 15 | 10 |
| 방수공사 | 21 | 10 | 32.3% | 3.89% | 2.56% | 3.33% | 11 | 14 | 11 |
| 공정관리 | 13 | 15 | 53.6% | 2.41% | 3.85% | 3.01% | 16 | 10 | 12 |
| 건설기계 | 17 | 9 | 34.6% | 3.15% | 2.31% | 2.80% | 12 | 15 | 13 |
| 가설공사 | 15 | 9 | 37.5% | 2.78% | 2.31% | 2.58% | 14 | 15 | 14 |
| CW공사 | 16 | 7 | 30.4% | 2.96% | 1.79% | 2.47% | 13 | 19 | 15 |
| 단열/차음공사 | 15 | 7 | 31.8% | 2.78% | 1.79% | 2.37% | 14 | 19 | 16 |
| 계약제도 | 4 | 17 | 81.0% | 0.74% | 4.36% | 2.26% | 30 | 8 | 17 |
| 철근 | 10 | 11 | 52.4% | 1.85% | 2.82% | 2.26% | 17 | 11 | 17 |
| 유리공사 | 6 | 11 | 64.7% | 1.11% | 2.82% | 1.83% | 26 | 11 | 19 |
| 조적공사 | 8 | 6 | 42.9% | 1.48% | 1.54% | 1.51% | 19 | 21 | 20 |
| 금속창호공사 | 8 | 6 | 42.9% | 1.48% | 1.54% | 1.51% | 19 | 21 | 20 |
| 미장공사 | 7 | 5 | 41.7% | 1.30% | 1.28% | 1.29% | 23 | 24 | 22 |
| 도장공사 | 9 | 3 | 25.0% | 1.67% | 0.77% | 1.29% | 18 | 27 | 22 |
| 수장공사 | 8 | 4 | 33.3% | 1.48% | 1.03% | 1.29% | 19 | 25 | 22 |
| 적산 | 6 | 6 | 50.0% | 1.11% | 1.54% | 1.29% | 26 | 21 | 22 |
| 일반구조 | 3 | 8 | 72.7% | 0.56% | 2.05% | 1.18% | 31 | 18 | 26 |
| 타일공사 | 7 | 4 | 36.4% | 1.30% | 1.03% | 1.18% | 23 | 25 | 26 |
| 석공사 | 8 | 3 | 27.3% | 1.48% | 0.77% | 1.18% | 19 | 27 | 26 |
| PC공사 | 7 | 1 | 12.5% | 1.30% | 0.26% | 0.86% | 23 | 30 | 29 |
| 목공사 | 5 | 3 | 37.5% | 0.93% | 0.77% | 0.86% | 28 | 27 | 29 |
| 리모델링 외 | 5 | 1 | 16.7% | 0.93% | 0.26% | 0.65% | 28 | 30 | 31 |
| 합계 | 540 | 390 | 41.9% | 100% | 100% | 100% | | | |

〈과목별 분석 결과〉

## 키워드 입력

문제가 원하는 핵심키워드를 입력합니다. 기출문제를 보면 토씨 하나 틀리지 않고 똑같이 출제된 문제가 있기는 하지만 대부분은 조금씩 다르게 문제를 출제합니다. 그러나 묻고자 하는 키워드는 다르지 않습니다. 이런 문제들을 키워드로 정리하고 필터링하면 유사한 문제를 그룹화하여 볼 수도 있습니다.

키워드를 입력할 때 주의할 사항은 키워드를 입력할 때 너무 포괄적인 키워드를 사용하느냐 세부적인 키워드를 사용하느냐에 따라 결과는 달라질 수 있음을 이해하셔야 합니다.

예를 들어 '콘크리트의 균열 중 건조수축균열에 대하여 설명하시오.'란 문제가 있다면 여기에서 추출할 수 있는 키워드는 콘크리트, 콘크리트의 균열, 건조수축균열 3가지가 있을 것입니다. 이때 콘크리트라는 키워드를 해당 문제의 키워드로 입력하여 필터링했을 때 콘크리트 관련 필터링 문제가 많아지고 문제 간의 연관성도 많이 떨어집니다. 반대로 건조수축균열이라고 입력하면 필터링 문제는 줄어들고 연관성 있는 문제가 뿔뿔이 흩어질 것입니다.

저는 이런 문제의 경우 관련 키워드로 '콘크리트의 균열'을 입력하였습니다. 그리고 문제마다 키워드를 모두 입력하고 나서 콘크리트의 균열을 필터링하면 건조수축균열 이외에도 다른 종류의 콘크리트의 균열을 확인할 수 있습니다. 이렇게 필터링하여 모은 개수를 출제빈도로 활용하였습니다.

위와 반대로 각각 다른 문제이지만 하나의 키워드로 묶어서 정리해야 하는 문제들도 있습니다. 흙막이 공사에서 흔히 물어보는 '히빙', '파이핑', '보일링'의 경우는 문제가 히빙이나 파이핑만을 묻는 문제이지만 같은 키워드로 묶어서 정리를 하면 좋습니다. 항상 한 몸처럼 생각해야 하는 문제입니다.

학습을 시작하기도 전에 문제의 핵심키워드를 입력하는 것이 쉽지는 않습니다. 그래서 처음부터 너무 고민하여 시간을 허비하기보다는 문제를 읽고 머리에 떠오르는 키워드를 입력하는 것이 시간을 절약할 수 있습니다. 키워드 입력은 처음 한 번 입력으로 끝나는 것은 아니며 반복학습을 통해 조금씩 보완하는 과정을 거쳐야 합니다.

키워드별 출제빈도를 분석하면 한 번만 출제된 문제부터 여러 번 출제된 문제를 수치화하여 파악할 수 있습니다. 처음 공부를 시작할 때 몇 회 정도 출제된 문제부터 공부할 것인지 기준을 수립합니다. 저는 최소 2회 이상 출제된 문제부터 공부하였습니다. 만약에 2회 이상인 키워드가 너무 많다면 3~4회 이상으로 시작합니다.

이렇게 결정한 키워드 위주로 자료를 수집하고 서브노트를 만들며, 반복학습을 통해 출제빈도가 높은 문제에서 낮은 문제로 공부 범위를 점점 넓혀 나가는 것입니다. 마치 웨이트 트레이닝을 할 때 무게를 조금씩 늘려가는 과정과 같습니다.

## 회차 입력

회차별 분석을 통해 관련 키워드의 문제가 평균적으로 몇 년마다 한 번씩 출제되었는지 알 수 있습니다. 2년마다 한 번 정도 나오는 문젠데 최근 2년간 출제되지 않았다면 조만간 출제될 확률이 높겠죠. 만약에 지난 회차에 출제된 문제라면 이번 시험에 출제될 확률은 극히 낮아질 것입니다.

같은 출제빈도라 할지라도 10년 전에 자주 나온 문제인지 최근에 자주 나온 문제인지 파악하기가 쉽습니다.

공부를 시작하기 전에 기출문제 분석 자료를 만든다면 며칠의 시간이 걸릴지도 모릅니다. 그렇지만 효율로 따지면 많은 시간을 아껴줄 것임은 분명합니다. 인터넷에 떠도는 자료를 활용해도 좋고 같이 공부하는 동료들과 분업을 하는 것도 좋습니다. Q-net에 올라온 최근 10년간 자료를 '복사 → 붙여넣기'를 해 보면 년도, 회차, 문제 정리는 하루 이틀이면 충분합니다. 다만 관련 키워드를 입력하고 구분하는 것에 다소 시간이 소요되며, Excel의 필터링 기능을 이용하면 키워드 입력까지 넉넉잡아 7일 정도의 시간이면 충분합니다.

분석항목은 개인에 따라 더 추가하거나 빼도 좋습니다. 그냥 남들이 중요한 문제라고 하니 중요한가 보다 생각하고 형형색색의 펜으로 밑줄과 별표를 그릴 것이 아니라 본인이 분석한 자료를 바탕으로 본인 일정에 적합한 학습 스케줄을 계획하셔야 합니다.

## 선택과 집중

기출문제 분석은 단순히 중요한 문제를 찾아내기 위함이 아닙니다. 기출문제 분석의 핵심은 하지 말아야 할 것을 덜어내는 것입니다. 일반적으로 학원에서 제공하는 교재나 시중에서 판매하는 교재의 경우 전체 과목을 균형 있게 설명하기 위해 다양하고 많은 내용이 포함되어 있습니다. 합격자의 서브노트도 마찬가지입니다. 합격자가 작성한 서브노트라고 해서 모두 중요한 문제는 아닙니다. 이 중에서 무엇을 공부하고 무엇을 버릴지 판단하셔야 합니다.

기출문제 분석 = 선택과 집중

기출문제 분석이 끝나면 반복학습을 위해 마인드맵과 서브노트를 작성하고 수차례 반복하며 공부를 하는데 출제율이 낮은 문제를 가지고 서브노트를 만들고 암기를 하는 데 시간을 낭비하지 마시기 바랍니다. 출제빈도가 높은 문제만 공부하기에도 빠듯한 시간입니다.

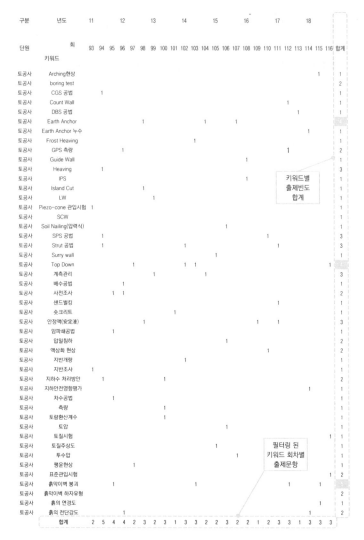

키워드별 출제빈도 합계

필터링 된 키워드 회차별 출제문항

〈과목, 키워드, 회차별 분석 결과/2009~2010년 생략〉

# 50% 공부하고 시험 치는 방법

## 시험을 빨리 보기 위한 전략

시험에 응시하기 전에 처음부터 끝까지 공부를 해야 한다고 생각하는 경우가 많습니다. 그런데 시간이 빠듯하다 보니 전 과목을 2~3회 정도 공부하고 시험에 응시하기 위한 계획을 수립할 것입니다.

그런데 저는 이런 전략을 추천하지 않습니다. 시간이 충분하면 모르겠지만 시험을 3개월 정도 앞두고 있다면 50% 정도만 공부하고 응시하는 것을 추천합니다.

전체 과목이 아닌 시험에 많이 출제되는 과목만 6~7회 이상 반복하고 응시를 하는 것이죠. 그 이유는 전체 과목을 2~3회 정도의 반복학습으로 출제자의 눈에 드는 답안을 작성하기가 쉽지 않다는 것입니다. 그리고 스스로 준비의 부족함을 느끼고 가까운 시험일을 Pass 하는 경우도 발생할 것입니다.

예를 들어 새해 목표로 기술사 시험에 도전하는 계획을 수립했다면 1회차 시험인 2월의 시험은 Pass 할 것입니다. 2~3개월의 준비로 합격할 자신이 없으니 적어도 2회차 시험인 5월의 시험을 목표로 학습계획을 수립할 것입니다. 그리고 이 중에서 일부는 2회차 시험에도 응시조차 하지 못하고 3회 시험에 응시하기 위해 계획을 수정할 것입니다.

실제로 기술사 합격에 도전하고도 시험 한 번 쳐 보지도 못한 분들이 계시는데 이유는 간단합니다.

준비가 완벽하지 않아서

이런 분들은 시험에 응시하면 무조건 합격해야 한다는 강박관념이 있는지 모르겠습니다. 그래서 본인 스스로 합격을 자신할 수 있는 수준까지 공부를 하지 않으면 시험에 응시조차 하지 않는다는 거죠.

Fast Track 공부법은 준비가 완벽하지 않은 상태로 시험에 응시하는 전략입니다. 단, 50%만 제대로 공부하고 나머지는 다음 시험을 위해 채워 나가는 방식입니다. 불합격을 기정사실로 인정하고 응시하는 시험입니다. 왜냐하면 Fast Track 공부법은 '합격'이 목적이 아닌 '최대한 빨리 응시'하는 것이 목적이기 때문입니다.

어차피 떨어질 시험을 왜보냐고 의문을 가지는 분들도 있습니다. 그렇지만 시험을 완벽하게 준비하는 것도 힘들고 기대가 크면 실망 또한 큰 법이죠. 그래서 적어도 첫 시험은 '합격'을 위한 시험이 아닌 '준비(방향설정)'를 위한 시험으로 응시해 보시길 권합니다.

첫 시험 = 방향설정

첫 시험은 공부의 방향을 설정하는 데 큰 도움이 됩니다. 그래서 첫 시험을 빨리 보는 것이 중요하며, 첫 시험을 빨리 보기 위한 방법이 Fast Track 공부법임을 잊지 않았으면 좋겠습니다.

## Fast Track 공부법

Fast Track 공부법은 기출문제 분석으로 먼저 공부할 과목을 선정하고 시험일정을 고려해 실현 가능한 계획을 수립하는 방법입니다.

예를 들어 전체 과목 수가 8과목이라고 가정한다면 시험에 자주 나오는 과목부터 순서대로 공부를 하는 것입니다. 첫 시험이 약 3개월 정도 남아 있다면 시험에 자주 나오는 과목을 우선적으로 공부하는 것입니다. 최소 7회 이상은 반복한다고 생각하고 스케줄을 잡아야 합니다.

〈Fast-Track 공부법〉

응시 후 시험 결과에 따라 다음 과목을 추가적으로 공부합니다. 단, 처음 공부했던 과목을 지속적으로 공부하면서 나머지 과목과 병행하며 공부합니다. 반반 나누어 공부하라는 말을 참 어렵게 설명드린 것 같네요.

실제로 Fast Track 공부법으로 시험에 응시해 보면 생각보다 답할 수 있는 문제가 많다는 것을 느끼실 겁니다. 출제되는 31문항 모두 답안을 작성하는 것이 아니라 이 중에서 22문항(약 70%)을 선택하여 답안을 작성하는 방식이기 때문입니다.

## Fast Track 공부법의 장점

Fast Track 공부법은 미리 시험에 응시함으로써 시험장의 낯선 분위기와 주의사항, 준비물, 식사시간, 휴식시간 등을 사전에 파악하고, 시험 중 발생할 수 있는 응급상황(생리현상, 오기처리방법, 부정행위 등)에 대한 부분도 글이 아닌 경험으로 미리 파악할 수 있습니다.

더불어 무엇보다 큰 장점은 본인의 실력을 가늠해 볼 수 있다는 점입니다. 실제 시험장에서 100분 동안 작성할 수 있는 페이지 수, 답안의 구성, 암기와 답안 작성의 차이점을 직접 경험할 수 있죠. 이런 경험은 앞으로의 학습방향에 큰 영향을 미칠 것이며 경험해 보지 못한 막연함에서 발생하는 쓸데없는 걱정과 생각들을 줄여 줄 것입니다.

시험이라는 녀석은 응시자에게 항상 준비가 부족함을 느끼게 만듭니다. 그래서 기술사 합격의 단축을 바란다면 본인의 준비 정도와 무관하게 매회 시험을 놓치지 말고 응시해야 합니다. 그리고 시험에 응시할 때는 4교시까지 최선을 다해 시험을 보고 나와야 합니다. 비록 모르는 문제이지만 본인이 생각하는 부분을 억지로라도 꺼내어 답안을 모두 채우려는 노력도 매우 중요합니다. 중도에 포기하고 시험장을 나온다면 본인의 실력을 가늠할 수가 없습니다. 합격하는 날까지 시험도 공부의 과정 중 일부라고 생각한다면 이런저런 이유로 시험을 망설이거나 중도 포기를 하는 경우는 사라질 것입니다.

# 가치 있는 문제 찾기

## 흙 속의 진주 찾기

'진주 찾기'는 1회만 출제된 키워드에서 가치 있는 문제를 발굴하여 공부의 범위를 조금씩 확장하는 과정입니다. '진주 찾기'는 기출문제 분석 단계에서 이루어지는 것은 아닙니다. 반복학습을 하다 보면 공부하지 말아야 할 문제 즉 처음에 버렸던 문제(64.4%) 중에서 빈출문제와의 연관성이 보이기 시작합니다. 때로는 빈출문제와 연관성이 없더라도 최근에 자주 이슈가 되는 키워드가 있을 수 있습니다. 이런 문제를 버리자니 조금 불안한 마음이 들기도 합니다.

'야~~! 이거 시험에 나오는 거 아냐?'
'교재에도 있는 문제인데 모른 척 지나치려니 불안한데!!!'

'학원에서 중요하다고 했는데??'

이렇게 반짝이는 문제들이 눈에 보이는데 출제빈도가 낮아서 그냥 지나치려니 불안한 마음이 생긴다는 것은 이전까지 학습 단계가 충실히 이루어졌음을 알려 주는 신호입니다. 처음 공부를 시작할 때는 빈출문제만 공부하기에도 빠듯하여 1회만 출제된 문제는 생각할 겨를도 없었는데 이제는 이런 문제들 중에서도 가치 있는 문제들이 눈에 들어오기 시작한 것입니다.

처음 10kg의 아령을 들기도 힘들었는데 한 달간 지속적인 운동으로 10kg은 가볍게 느껴지는 것과 같은 원리입니다. 이제는 무게를 조금 더 늘릴 때가 된 것입니다.

아령의 무게를 늘리듯이 가치 있는 문제를 찾아 공부의 범위를 조금 더 확장할 것입니다. 이때 중요한 점은 단순히 감(느낌)으로 '이번에 나올 것 같아서 공부해 둬야지!' 하는 생각은 금물입니다. 이렇게 하다 보면 버릴 것이 없어져 모든 것을 공부해야 할지도 모릅니다. 10kg을 들다가 갑자기 20kg을 드는 것과 같습니다.

이런 실수를 하지 않기 위해 몇 가지 원칙을 정하는 것이 좋습니다.

첫째: 빈출문제와 연관성

암기는 이해를 바탕으로 합니다. 빈출문제와 연관성이 있다는 것은 빈출문제를 공부할 때 이해를 돕는다는 점과 답안 작성 시 연관된 내용을 활용하여 답안을 작성할 수 있다는 장점이 있습니다.

### 둘째: 최근의 이슈

기술사가 가져야 할 역량 중에는 관련 업무와 여러 학문적인 이론도 필요하지만 최근 사회적인 이슈에 관심을 가지고 있는지도 중요한 평가 요소 중 하나입니다. 이런 관점에서 볼 때 최근(약 1~2년간)에 이슈가 된 키워드라면 조금 더 관심을 가질 필요가 있습니다. 그리고 이런 문제들은 면접시험에서도 종종 출제되어 알아 두면 일석이조의 효과를 기대할 수 있습니다.

### 셋째: 약 5~10% 정도

1회 출제된 키워드 중 약 5~10% 정도 확장한다고 생각하시면 됩니다. 두뇌와 시간이 허락한다면 공부의 범위를 좀 더 넓히는 것도 좋지만 너무 무리해서 확장하기보다는 본인에게 맞는 적절한 양을 정하는 게 좋습니다. 항상 염두에 두어야 할 것은 기출문제 분석은 하지 말아야 할 것을 덜어내는 과정이라는 것입니다.

# 신규 예상문제 찾기

**신규 예상문제(사막에서 바늘)를 찾아라!**

시공기술사 시험에서 최근 10년간 출제된 문제 수는 930개이고 이 문제를 유사한 키워드로 구분하면 550개 정도의 키워드가 있습니다. 여기에서 그동안 2회 이상 출제된 문제부터 서브노트를 만든다면 약 190개의 키워드를 서브노트로 만들어야 하는데요. 2회 이상 나온 키워드를 분석해 보면 매 시험마다 평균 19.2 문제가 출제(건축시공기술사 기준)되고 있습니다.

그런데 31개 문제 중 우리가 답안으로 선택하는 문제는 22문제이니 2회 이상 키워드만 공부해도 22문제 중 19문제는 답안으로 작성할 수 있다는 말이 됩니다. 나머지 3~4문제 중에서는 1~2회 출제된 문제(진주)이거나 한 번도 출제되지 않은 문제(바늘)가 출제되는 것이죠. 물론 운 좋게 공부한 문제만 출제되는 경우도 있지만 기술사를 준비하며 단시간에 합격을 하기 위해서는 한 번도 출제되지 않은 문제, 즉 신규로 나올만한 문제에 대비하여야 합니다.

| 구 분 | 문제 수 | 비 율 | 비 고 |
|---|---|---|---|
| 2회 이상 출제된 문제 | 19문제 | 61.3% | 무조건 확보 |
| 신규 또는 1회 출제된 문제 | 3문제 | 9.7% | ☆대비 |
| 버려도 되는 문제 | 9문제 | 29.0% | 버 림 |

〈출제빈도별 출제율〉

그렇다면 한 번도 출제되지 않은 문제를 예상하고 찾아내야 하는데 어떻게 찾아야 할지 어렵습니다. 신규문제로 나올 법한 예상문제를 찾는 일은 사막에서 바늘을 찾는 일과 비슷할 것입니다. 그렇다고 해서 전혀 불가능한 일은 아닙니다. 기출문제 분석을 통해 단 1회만 출제된 문제를 유심히 분석해 보세요. 왜 이런 문제가 출제되었는지 고민해 보면 어느 정도 규칙을 찾을 수 있습니다.

그중에서 가장 쉽게 찾을 수 있는 것은 문제가 출제될 당시 관련 법규의 변경이나 새로 생겨난 제도에 있습니다. 그리고 시방서의 변경 또는 추가된 내용이나 공법 중에서는 신기술, 신공법 등이 있겠죠. 이런 내용은 그 당시가 아니면 문제로 출제하기가 참 애매하기도 하고 2~3회 계속해서 출제하기도 부담스러운 문제입니다. 물론 신기술, 신공법의 경우 현장에서 꾸준히 적용되는 공법이라면 이후에도 문제로 출제될 경향이 높습니다.

그리고 1회만 출제된 문제는 서술형보다 단답형(1교시)에 더욱 많이 출제되고 있습니다. 그렇다면 기출문제 분석에서 특별히 단답형 문제의 비중이 높은 과목을 눈여겨보시면 어떤 과목에서 신규문제가 많이 출제되었는지 알 수 있을 것입니다.

| 구분 | 출제빈도 | | | 출제율(%) | | | 순위 | | |
|---|---|---|---|---|---|---|---|---|---|
| | 서술형 | 단답형 | 단답률 | 서술형 | 단답형 | 합계 | 서술형 | 단답형 | 합계 |
| 계약제도 | 4 | 17 | 81.0% | 0.7% | 4.4% | 2.3% | 30 | 8 | 17 |
| 토공사 | 43 | 33 | 43.4% | 8.0% | 8.5% | 8.2% | 4 | 2 | 2 |
| 기초공사 | 27 | 28 | 50.9% | 5.0% | 7.2% | 5.9% | 7 | 4 | 6 |
| 철근 | 10 | 11 | 52.4% | 1.9% | 2.8% | 2.3% | 17 | 11 | 17 |
| 콘크리트 | 50 | 47 | 48.5% | 9.3% | 12.1% | 10.4% | 1 | 1 | 1 |
| 일반구조 | 3 | 8 | 72.7% | 0.6% | 2.1% | 1.2% | 31 | 18 | 26 |
| 조적공사 | 8 | 6 | 42.9% | 1.5% | 1.5% | 1.5% | 19 | 21 | 20 |
| 유리공사 | 6 | 11 | 64.7% | 1.1% | 2.8% | 1.8% | 26 | 11 | 19 |
| 적산 | 6 | 6 | 50.0% | 1.1% | 1.5% | 1.3% | 26 | 21 | 22 |
| 시공의근대화 | 28 | 25 | 47.2% | 5.2% | 6.4% | 5.7% | 6 | 5 | 7 |
| 공정관리 | 13 | 15 | 53.6% | 2.4% | 3.8% | 3.0% | 16 | 10 | 12 |

〈건축시공기술사 단답형 출제비율〉

위 그림에서 전체 과목 중 단답률이 평균(41.9%) 이상인 과목은 콘크리트, 토공사, 기초공사, 공정관리, 계약제도 등이 있습니다. 이 중에서도 특히 계약제도의 경우에는 81% 이상으로 월등히 높은 비율을 차지하고 있습니다. 이렇게 과목별 단답률을 파악하여 어떤 과목에서 신규문제 출제율이 높은지를 파악하는 것도 큰 도움이 될 것입니다.

신규문제를 찾기 위해서는 법제처, 관련 부처 및 산하기관 홈페이지, 해당 분야 일간지, 협회나 학회 홈페이지 등에 올라온 게시물 등을 틈틈이 보시는 게 좋습니다.

### 법/제도 관련

검색창에서 '20XX년 달라지는 제도'를 검색해서 시험을 준비하는 당해 연도 및 전년도의 제도 중 응시하는 분야의 제도를 찾아서 정리를 합니다. 특히 공부하는 과목과 연관성이 깊은 것은 반드시 정리를 해 두어야 합니다.

### 신기술/신공법 관련

당해 연도보다는 2~3년 이전에 개발된 공법이 나올 확률이 높습니다. 아무래도 기술사 시험에 출제될 정도의 공법이라면 실적도 중요하고 여러 현장에서 검증도 이루어져야 출제에 부담이 줄 것 같습니다. 그리고 해당 신기술의 공법명으로 출제되는 경우 보다는 공법의 원리를 통한 문제가 출제되는 경향이 높습니다. 되도록이면 대기업에서 개발한 공법을 관심 있게 보시고 일간지나 인터넷에서 자주 그리고 크게 광고하는 공법도 관심 있게 보면 좋습니다. 신기술, 신공법은 유사한 다른 공법의 답안 작성에 활용할 수 있어 신규문제로 출제되지 않아도 활용성이 높습니다.

기타 이슈

자연재해(지진 등), 화재, 물가의 폭등/폭락, 안전사고, 환경, 4차 산업, 융복합 등은 신규로 문제를 출제하기에 좋은 아이템이며, 국가의 제도 및 정책과 연관이 있는 것은 반드시 알아 두어야 합니다.

본인의 업무

준비 중인 시험의 분야에 근무 중이라면 본인의 업무와 관련된 문제도 출제될 수 있으니, 업무와 관련된 법과 자료를 찾아 정리하는 것도 좋은 공부법입니다.

신규 예상문제를 찾으려면 뉴스나 보도자료, 학회지 등을 볼 때 항상 시험문제와 결부시키는 습관이 필요합니다. 그렇다고 너무 많은 내용을 찾기보다는 위의 내용을 참조하여 10문제 정도는 별도로 서브노트를 만들어 공부하여야 합니다.

어쩌면 시험의 당락이 진주 찾기와 바늘 찾기에서 결정될 수 있습니다. 그러나 어디까지나 기본기가 충실한 경우에 해당 되는 것으로 바늘 찾기는 몇 차례 반복학습을 한 후 시험에 응시하기 2~3주 전에 시행하는 것을 권합니다.

## 〈무엇을 공부할 것인가?〉

1. 기출문제 분석

   하지 말아야 할 것을 덜어내는 것

   막연함을 덜어내는 것

   방향설정

   선택과 집중

2. 진주 찾기

   출제빈도가 낮아서 버린 문제 중 가치 있는 문제 찾기

3. 바늘 찾기

   지금까지 한 번도 출제되지 않은 문제 발굴(찾기)

4. Fast Track 공부법

   완벽하지 않아도 시험 보기

   첫 시험을 빨리 보는 방법

■

현재의 우리는 우리가 반복적으로 하는 행동의 결
과이다. 그러므로 탁월함이란 행동이 아니라 습관
이다.

- 아리스토텔레스

# 어떻게
# (HOW)

## 반복학습 준비 & 연관성 찾기

무엇(What)을 공부해야 할지 분석(정리)이 되었다면 어떻게(How) 공부할지에 대해 설명드리겠습니다. 혹시라도 조급한 마음에 빈출 문제를 책에서 찾아보고 벌써부터 외우려 들거나 서브노트를 만들고 싶은 생각이 든다면 조금만 더 여유를 가지길 바랍니다.

이제부터 그동안 해 오지 않던 학습법을 바꾸는 이야기를 할 것입니다. 이미 알고 있는 분도 있고, 알긴 아는데 어떻게 해야 할지 모르는 분도 있을 것 같습니다. 기출문제 분석까지 고개를 끄덕이던 분들도 이제부터 약간 마음이 달라질 수 있습니다. '정말 이런 것까지 해야 돼?'라는 의문을 품으며 누군가가 만들어 낸 학습법을 홍보

하는 정도로 받아들이지 않을까 하는 걱정도 듭니다.

그렇다고 특별한 학습법도 아닙니다. 학창시절 선생님이나 부모님이 매일같이 하신 말씀이 있죠? 예습, 복습 말입니다. 예습, 복습 즉 '반복학습'을 위한 준비를 할 것입니다. 그리고 키워드 상호 간의 연관성을 찾는 연습을 할 것입니다.


## 진단하기

어떻게 공부할 것인가를 살펴보기 전에 아래와 같은 증상이 있는지를 먼저 점검해 볼 필요가 있습니다.

- 공부량이 부담된다.
- 공부시간의 부족함을 느낀다.
- 반복학습이 어렵다.
- 키워드 간 연관성 파악이 힘들다.
- 큰 그림이 그려지지 않는다.
- 암기가 어렵다.
- 다시 시험 칠 엄두가 나지 않는다.
- 열심히 했는데 성과가 나지 않는다.

공부량이 부담되고 시간의 촉박함과 반복학습의 어려움을 느낀다면 아직도 본인이 감당하기 어려운 무게의 아령을 들고 운동을 하려는 것입니다. 기출문제 분석을 통해 우선순위가 정해지고 무게가 조금 줄어들긴 했지만 아직 본격적으로 공부할 정도로 무게가 줄진 않았습니다. 처음 20㎏의 아령을 이제 겨우 15㎏으로 줄였을 뿐입니다. 아직도 줄여야 할 무게가 있는데 조급한 마음에 벌써부터 운동을 시작한 것입니다.

나름 서브노트를 만들고 공부를 하지만 문제를 조금이라도 비틀어 버리면 전혀 새로운 문제처럼 느껴집니다. 그리고 단순히 문제에 대한 답안 작성에만 집중하다 보니 큰 그림이 그려지지 않고 암기가 잘되지 않는 것처럼 느껴지기도 합니다.

열심히 공부를 했지만 항상 아쉬운 점수 차로 탈락하고 다시 공부를 하고자 하니 엄두가 나지 않습니다. 오랜 기간 많은 양을 공부했지만 시험지를 받아 보면 처음 들어 보는 듯한 문제들이 보이고 설령 몇 번 들어 본 키워드가 문제로 나왔지만 답안을 작성하기에 부담이 느껴집니다.

## 합격자가 말하는 합격의 비결

합격자에게 합격의 비결이 무엇이냐고 물어보면 다수가 "나무만 보지 말고 숲을 보라."고 말합니다. 만약 이 말을 듣는 사람이 이미 기술사 시험에 합격한 분이라면 크게 공감하는 이야기입니다. 그런데 이제 막 기술사 시험을 준비하거나 몇 차례 낙방을 맛본 분이라면 도대체 '나무만 보지 말고 숲을 보라.'는 말이 무슨 말인지 이해가 쉽지 않습니다. 좀 더 구체적으로 물어보지만 다시 돌아오는 대답 또한 꽉 막혀 있는 가슴을 뚫어주지 못합니다.

저는 '나무만 보지 말고 숲을 보라.'는 말을 바꾸어 '숲도 보고 나무도 보라.'고 말하고 싶습니다.

'숲도 보고 나무도 보라'

그리고 이 말을 '너무 깊게 파고들지 말라.'라는 의미로 말씀하시는 분도 있고, '기출문제 위주로만 공부하지 말라.' 또는 '넓게 보고 공부하라.'는 의미로 말씀하시는 분도 있습니다. 모두 맞는 말씀입니다.

어떤 분은 기술사에 합격하고 나서야 이 말의 의미가 이해가 된다고 하니 숲을 본다는 게 쉽지만은 않은 것이 분명합니다. 그렇다면 이 말의 의미를 조금만 빨리 이해할 수 있다면 좀 더 빨리 기술사 시험에 합격할 수 있지 않을까요?

# 생각을 정리하는 마인드맵

## 숲을 보는 방법

숲도 보고 나무도 보기 위해서는 2가지를 작성해야 합니다.
그건 바로 '마인드맵'과 '서브노트'입니다.

숲(마인드맵)도 보고 나무(서브노트)도 보라!

아마 '마인드맵'이라는 단어를 한 번은 들어 보았을 것입니다. 만약에 금방 '마인드맵' 이미지가 떠오르지 않는다면 구글이나 네이버 검색창에서 '마인드맵'을 검색해 보면 이해에 도움이 될 것입니다.

마인드맵 학습법은 이미 책(저자 토니 부잔)으로 소개되어 많은 학습서에서 이를 활용하고 있습니다. 정말로 마인드맵 학습법이 이렇게 좋은 것이라면 기술사를 공부하면서 이를 활용하지 않을 이유가 없죠?

## 마인드맵(Mind Map)

마인드맵이란 문자 그대로 '생각의 지도'란 뜻.
자신의 생각을 지도 그리듯 이미지화해 사고력, 창의력, 기억력을 한 단계 높인다는 두뇌계발 기법이다.

간혹 어떤 문제에 대하여 창조적으로 사고하고 있을 때, 시간이 흐르거나 연속적인 사고의 연상이 진행되면서 그 사고한 내용의 일부는 잃어버리게 되고 재생하기가 어렵게 된다. 마인드맵은 유기적으로 연결되는 일련의 생각을 훌륭하게 상기시켜준다.

마인드맵은 영국의 토니 부잔이 1960년대 브리티시 컬럼비아대 대학원을 다닐 때 두뇌의 특성을 고려해 만들어 냈다. 부잔은 일부 사람들은 그림과 상징물을 활용해 배우는 것이 훨씬 더 효과적이라는 생각이 들어 '마인드맵'을 고안해 냈다고 한다.

학습법과 기억력뿐 아니라 기업 업무 능력 향상 등에도 효과가 있

는 것으로 알려져 각국의 학교들뿐만 아니라 IBM, 골드만삭스, 보

잉, GM 등 우수한 기업체들이 마인드맵 이론과 교재를 사원교육에

활용 중이다.

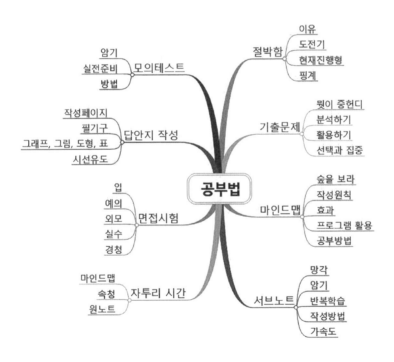

〈책을 쓰기 전 목차를 정리한 마인드맵〉

마인드맵은 책으로 치면 목차와 같은 것입니다. 목차는 책을 통해 전달하고 싶은 주제와 소주제가 키워드 위주로 일목요연하게 정리가 되어 있습니다. 저도 처음 책을 쓰기 전부터 어떤 내용으로 써야 할지 마인드맵으로 기록하고 분류하였습니다. 마인드맵을 그리고 보니 제가 말하고 싶은 내용이 마인드맵에 다 들어있다고 해도 과언은 아닙니다.

마인드맵을 조금 더 살펴보면 공부법에서 처음 뻗어 나가는 가지에는 목차가 있고 다음 단계는 소주제로 나열되어 있죠. 여기에서 가지를 뻗어 계속 나아가면 책의 내용까지 점점 깊게 파고들 수도 있고, 가지를 추가해서 새로운 범주로 확장할 수 있습니다. 그리고 생각의 관점을 바꾸어 새롭게 정리를 한다면 다음과 같은 형태의 마인드맵을 만들 수 있습니다.

〈흐름의 순으로 범주를 구분〉

처음 작성한 마인드맵과 조금은 다른 느낌입니다. 차이점이 있다면 전체 내용을 4가지의 범주로 나누고 가지로 이어준 것뿐입니다. 이렇게 단순한 방법으로 생각의 범주를 나누고 그 범주 속에 키워드를 나열하는 방법으로 우리의 뇌는 정리가 되고 키워드 간의 연관성을 알게 됩니다.

마인드맵은 형태가 조금 다를 뿐 단계별로 핵심키워드를 정리하는 방법은 서브노트 작성방법과도 같습니다. 그리고 기술사 시험 답안 작성과도 차이가 없습니다. 차이가 있다면 더 넓은 범위를 들여다본다는 것입니다. 마인드맵을 그리는 것이 숲을 그리는 것이고 숲을 보는 방법입니다.


## 토니 부잔의 마인드맵

마인드맵을 쉽게 설명하기 위해 토니 부잔의 책을 읽으며 고민해보았지만 몇 줄 또는 몇 페이지로 설명한다는 것이 쉽지 않은 것 같습니다. 토니 부잔은 올바른 학습법을 설명하기 위해 마인드맵뿐만 아니라 다른 여러 학습법과 마인드맵 작성규칙 등을 책을 통해 설명하고 있는데요. 마인드맵에 대해 좀 더 관심이 있다면 토니 부잔의 책을 읽어 보시기 바랍니다. 토니 부잔이 설명하는 직선식 노트 작성과 마인드맵의 차이를 요약하면 다음과 같습니다.

1. 시간절약

2. 집중력 향상

3. 키워드 간 연상결합

4. 창의력과 회상력 향상

5. 두뇌 자극(인식, 사고유발, 학습 욕구, 자신감)

뭔가 피부에 와닿는 설명이 되지 못한 것 같네요. 그래서 일상에서 느껴 봄 직한 다른 예를 들어 보겠습니다.

## 직소퍼즐

직소퍼즐 맞추기는 어릴 때 한 번쯤 접해 본 놀이입니다.

〈직소퍼즐〉

퍼즐의 난이도는 퍼즐의 개수에 좌우되기도 하고 맞추려는 그림에 따라 달라질 수 있습니다. 퍼즐의 개수와 그림이 어떻든 간에 퍼즐을 빨리 맞추는 공통적인 방법이 있습니다.

첫 번째는 '퍼즐 조각 분류'이며 두 번째는 그림이 보이도록 '퍼즐 조각 펼쳐 놓기'입니다. 그중에서 퍼즐 조각 분류는 아래와 같이 분류를 합니다.

- 테두리 퍼즐 조각 분류
- 경계가 보이는 조각 분류
- 색상별 분류
- 상징적인 이미지 분류

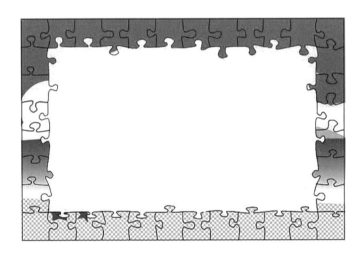

〈테두리 퍼즐 조각〉

퍼즐의 테두리(가장자리)에 들어가는 퍼즐은 4방이 울퉁불퉁한 것이 아니라 한 면이 일직선으로 잘려 있습니다. 모서리는 두 면이 일직선으로 잘려 있겠죠. 이런 퍼즐 조각은 큰 어려움 없이 찾아낼 수 있습니다.

〈경계가 보이는 퍼즐 조각〉

경계가 보이는 퍼즐 조각이란 퍼즐의 이미지가 산과 바다의 경계, 하늘과 바다의 경계, 하늘과 산의 경계와 같이 퍼즐 조각 이미지에서 2가지의 경계가 분명하게 보이는 퍼즐 조각을 말합니다.

색상별 분류는 앞에서 말한 풍경 이미지에서 하늘색, 바다색, 산색 등으로 비슷한 색상들을 분류합니다.

마지막으로 바다 위에 떠 있는 돛단배나 하늘을 나는 새, 태양 등 눈에 띄는 그림이 있는 조각이 있으면 따로 분류해 둡니다.

〈상징적인 이미지 퍼즐 조각〉

퍼즐 조각이 많으면 많을수록 분류 작업은 퍼즐을 맞추는 과정보다 중요합니다. 그 이유는 쓸데없는 반복을 줄이기 위해서입니다. 일반적으로 퍼즐은 하나씩 끼우며 맞추어 가는데 조그마한 퍼즐 조각 하나가 어느 부분에 들어가는지 눈에 들어오지 않습니다. 좌측 상단 모서리부터 퍼즐을 맞추겠다고 한다면 수천 개의 퍼즐을 하나하나 보아야 하기 때문에 효율이 나지 않습니다. 만약에 퍼즐 조각이 잘 분류되어 있다면 미리 분류해 둔 퍼즐 조각만 살펴보면 되겠죠.

퍼즐을 맞추는 과정도 분류한 순서와 같이 테두리부터 맞추고 경계가 있는 조각 순으로 차근차근 맞추면 나머지를 맞추기가 훨씬 수월합니다.

그리고 퍼즐을 맞추기 위한 모든 퍼즐 조각은 이미지가 보이도록 바닥에 펼쳐 놓아야 합니다.

설명이 적절한지 모르겠지만 제가 생각하는 마인드맵은 퍼즐을 맞추는 과정과 같이 우리가 공부해야 할 정보들을 적절히 분류하고 모든 정보를 한눈에 볼 수 있도록 합니다. 퍼즐 조각 하나가 아니라 전체 그림을 머릿속으로 그리는 것입니다. 다시 말하면 숲을 보는 것입니다. 그리고 공부한 내용 하나하나 퍼즐이 맞추어진다는 느낌을 받을 것입니다.

숲을 보고 공부를 하면 비효율적인 공부습관을 효율적으로 도울 것입니다. 쓸데없는 행동의 반복을 줄이고 이해를 쉽게 하며 확신을 가지게 할 것입니다. 그리고 퍼즐을 이어 붙이듯 연관성을 알게 될 것입니다.

## 창고 정리

기출문제의 키워드가 물건이 들어 있는 상자라고 가정하겠습니다. 이 상자를 두뇌라는 창고에 넣고 필요할 때마다 꺼내 사용해야 하는데 어떻게 하면 많은 양의 상자를 한정된 창고에 넣을 수 있을까요?

조금만 고민을 해 보면 상자를 종류, 크기, 무게, 사용빈도별로 범주를 구분하고 범주별로 섹터를 정하여 선반의 아래쪽에는 무거운 물건을, 위쪽에는 가벼운 물건, 입구에서 가까운 곳은 자주 사용하는 상자를 두어 상자를 효율적으로 찾아 사용할 것입니다.

이렇듯 우리가 공부하는 키워드를 창고에 물건 쌓듯이 우리의 뇌 속에 차곡차곡 쌓아 간다면 더 많은 양의 상자를 넣고 빠르고 쉽게 꺼낼 수 있겠죠.

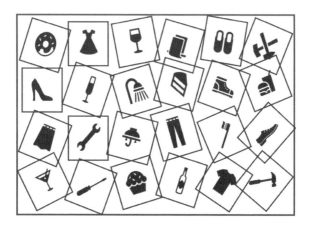

〈정리되지 않은 뇌의 상태〉

간단한 테스트를 해 보겠습니다. 위 그림을 30초 동안 보고 카드에 어떤 그림이 있었는지 하나씩 적어 보겠습니다. 몇 개를 적었나요?

문제가 어렵다면 음료가 몇 개가 있는지 찾아보겠습니다. 금방 눈에
들어오지 않을 것입니다. 그러나 아래와 같이 범주별로 구분하고 범
주를 색상으로 분류하면 어떤 물건들이 있는지 금방 알 수 있습니다.

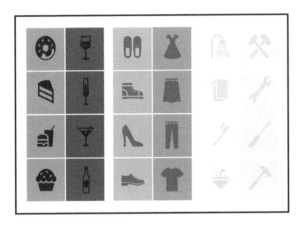

〈정리된 뇌의 상태〉

다시 그림을 30초간 보고 카드의 그림을 기억나는 대로 적어 보겠
습니다. 분명 처음과 다르게 보다 많은 카드를 맞출 수 있을 것입니
다. 가족이나 친구들과 그룹을 나누어 흩어진 이미지만 본 그룹과
정리된 이미지를 본 그룹으로 테스트를 해 보면 그 결과를 더욱 쉽
게 알 수 있을 것입니다.

## 마인드맵의 효과

범주별 분류만으로 효율적인 느낌을 받았다면 그 효과를 의심하지 말고 마인드맵을 작성해서 공부하여야 합니다.

만약 이런 과정 없이 공부를 하는 것은 수많은 상자를 뇌라는 창고에 그냥 쑤셔 박고 있는 것과 같습니다. 기출문제에서 무엇을 공부할지 분석하고 정리하였다면 무턱대고 서브노트를 만들어 외우기보다는 관련 서적을 이용해서 마인드맵을 먼저 만들어 보면 더 효과적인 공부가 될 수 있습니다.

그리고 마인드맵의 또 다른 효과는 반복학습을 통한 암기라고 생각합니다. 토니 부잔도 '마인드맵 노트를 공부하면 90% 이상의 시간이 절약된다.'고 합니다. 한 권의 책 또는 한 개의 과목이 한 페이지에 일목요연하게 정리가 되어 있으니 한 페이지를 보는 것은 한 권의 책 또는 한 개의 과목을 보는 것과 같습니다. 같은 시간이면 10번을 반복해서 공부하는 효과가 생겨납니다. 억지로 외우려고 해서 외워지는 것이 아니라 반복을 통해서 자연스럽게 외워지는 것입니다.

그리고 키워드는 상호연관성을 가지고 있어 문제에 대한 해답을 다양한 시각으로 논리적으로 적을 수 있도록 도와줍니다. 토니 부잔은 상호연관성을 연상결합이라는 단어로 설명하고 있습니다. 키워드 간의 상호연관성을 파악하는 것은 전체의 흐름을 이해하고 있다는 것입니다. 단순한 암기를 말씀드리는 것이 아닙니다.

일부 합격자의 '마인드맵만 보고 기술사에 합격했다.'는 수기를 본적이 있습니다. '설마 마인드맵만 공부하고 합격했을까?'라는 의구심이 들지만 어느 정도 공부가 이루어지면 실제로 마인드맵만으로도 충분히 공부가 가능함을 느낄 수 있습니다.

## 마인드맵이 먼저냐? 서브노트가 먼저냐?

가끔 마인드맵을 먼저 만들어야 할지 서브노트를 먼저 만들어야 할지 궁금해하시는 분들이 있습니다. 어느 정도 공부를 하고 본인만의 마인드맵을 만드는 것이 시행착오를 줄이고 효율적일 것이라 느끼시는 분들도 있습니다. 그런데 마인드맵을 먼저 만들든 서브노트를 먼저 만들든 어떤 방식을 취해도 시행착오는 발생합니다.

처음부터 너무 완벽하게 만든다는 욕심을 버리고 반복학습을 통해 서로 Feed-Back 하는 과정을 거친다면 마인드맵이 먼저냐 서브노트가 먼저냐는 중요한 문제는 아닌 것 같습니다.

# 암기를 위한 서브노트

## 나무를 보는 방법

마인드맵(숲)을 만들었다면 이제 서브노트(나무)를 만들어 보겠습니다.

간혹 마인드맵과 서브노트를 같은 개념에 놓고 말씀하시는 분이 있습니다. 엄격히 말하자면 틀린 말은 아니지만 이 책에서는 마인드맵과 서브노트를 구분하여 설명하겠습니다.

마인드맵은 한 개의 과목을 한 페이지에 요약을 한 것을 말합니다. 되도록이면 기출문제 분석을 통해 나온 키워드를 최대한 많이 기록하면 더욱 좋겠지요. 분량이 많은 과목은 2~3개로 범주를 나누어 작성할 수 있고 반대로 분량이 적은 과목은 2~3개를 합쳐서 만들 수 있습니다. 이는 어디까지나 작성하고자 하는 용지의 크기에 따라 달라지겠지만 중요한 점은 한 페이지(One Page)에 작성하는 것입니다.

서브노트는 본인이 가지고 있는 수많은 책과 자료들 중에서 외우지 않아도 되는 많은 Text를 덜어내어 10분의 1로 압축하면 됩니다. 기출문제 분석을 통해 출제빈도가 높은 순부터 서브노트를 작성합니다. 서브노트가 어느 정도 완성이 되면 서브노트로만 공부를 할 것입니다. 본인이 가지고 있는 자료와 수험서(교재)는 적당한 곳에 잘 보관하시다가 필요하면 꺼내 보는 것을 추천합니다.

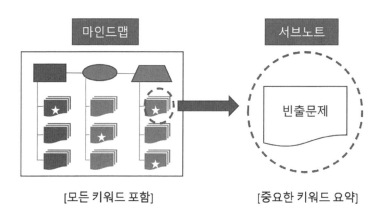

[모든 키워드 포함]          [중요한 키워드 요약]

서브노트를 만드는 이유는 2가지로 볼 수 있습니다.
_____이고, _____입니다.

## 시험은 손으로 치는 것이다

서브노트 작성의 첫 번째 이유가 답안 작성 연습을 하기 위함이라고 했습니다. 채점자가 답안지를 보았을 때 한눈에 알아볼 수 있도록 연습을 하는 것이죠. 답안을 작성할 때 글자의 크기, 핵심키워드와 그림의 적절한 배치 등 본인이 써 내려 가는 답안을 짧은 시간에 작성하려면 답안을 작성하는 연습을 통해 시행착오를 거쳐야 짜임새 있는 답안을 작성할 수 있습니다.

건설기술교육원에서 교육을 받을 때 어느 교수님께서 기술사 시험을 준비하며 쓴 볼펜을 꺼내 보여 주셨는데요. 약 30자루 정도였던 것으로 기억합니다. 그만큼 열심히 공부하신 거죠. 그냥 눈으로 읽으면서 공부한 것이 아니라 손으로 써 가면서 공부를 하신 겁니다.

기술사 시험은 머리가 아닌 손이 기억해서 쓴다.

답안 작성 연습은 답안양식에 서브노트를 참고하여 제목과 개요, 그리고 질문에 대한 답변을 차례로 적는 연습입니다. 답안에서 공백이 있는 허전한 부분은 그림이나 그래프로 채우고 본인이 채우려고 하는 표가 답안지를 넘어서면 적절히 줄여서 답안의 구성을 짜임새 있게 작성해 보는 겁니다. 반복적으로 써 보면서 잘된 답안은 버리지 말고 계속해서 보완하며 참고하시면 됩니다. 때로는 1페이지를 작성하는 데 소요되는 시간도 체크해 보고 1문제당 작성해야 할 페이지 수를 가늠해 보기도 합니다.

막상 시험장에서 문제를 받고 답안을 작성해 보면 연습한 것과 똑같은 답안이 작성되지는 않습니다. 그러나 연습을 통해서 자주 작성하다 보면 누가 봐도 짜임새 있는 답안을 작성할 수 있습니다. 시험장에서 미친 듯이 답을 적다 보면 손이 머리보다 빠르다는 느낌을 받습니다. 그런 느낌이 들 때까지 연습 또 연습을 하셔야 합니다.


## 서브노트는 본인이 직접 작성하라!

대부분의 수험생들은 빠듯한 시간을 쪼개어 공부를 합니다. 그래서 학원에서 제공하는 서브노트나 이미 합격한 선배의 서브노트를 받기도 하고 인터넷 검색을 통하여 구하기도 합니다. 정보력이 좋은 분들은 엄청난 양의 서브노트를 가지고 있기도 합니다.

합격자 중 어떤 분들은 '이것만 보면 합격이야!' 하며 본인의 서브노트를 후배에게 물려줍니다. 물론 틀린 말은 아닙니다. 그리고 본인이 작성하지 않은 서브노트를 보고 합격하신 분도 있을 것입니다. 그런데 저는 이러한 서브노트를 그냥 '결과물'이라고 표현합니다. 합격자가 서브노트를 만드는 '과정'이 생략된 말 그대로 '결과물'입니다.

쉽게 설명을 드리면 직장이나 학교에서 PT 발표를 하는 경우가 있습니다. 본인이 잘 알고 있는 내용이라면 발표자가 준비한 PT 자료만 보고도 발표자가 어떤 이야기를 할 것인지 쉽게 짐작이 가지만 그렇지 못한 경우에는 발표자의 설명을 듣고서야 어느 정도 이해를 하게 됩니다. 공부를 시작하는 입장에서 다른 사람이 작성한 서브노트는 발표자의 설명이 누락된 PT 자료와 같은 것입니다.

대부분의 암기는 이해를 바탕으로 합니다. 작성자는 이러한 이해를 바탕으로 짧은 답안 형식의 서브노트를 작성합니다. 그런데 이런 서브노트를 맹목적으로 받아들이고 암기를 하려면 쉽게 외워지지 않거나 설령 외운다고 해도 답안을 자신 있게 써 내려 가지 못할 수도 있습니다. 이런 이유로 서브노트를 직접 작성해 보기를 권합니다.

서브노트를 처음 작성할 때는 다양한 자료를 수집하고 수집한 서브노트를 참고하세요. 이 중에서 내용이 이해가 되면 똑같이 작성하셔도 되고, 이해가 되지 않는 부분은 반복학습으로 보완해 가면 본인만의 서브노트를 만들 수 있습니다. 처음부터 완벽한 서브노트는 없습니다. 그리고 기술사에 합격한 순간의 서브노트도 완벽하다고 할 수 없습니다. 보완하는 과정에서 이해하고 습득된 정보가 시험지 답안에 녹아 들어가고 이러한 한끝의 차이로 당락이 결정됩니다.

## 서브노트를 너무 잘 만들려고 하지 마세요!

가끔 합격자들이 카페에 올려 주는 서브노트를 보면 입이 다물어지지 않을 때가 많습니다. 자료를 수집하고 분석하는 능력도 놀랍지만 그 짜임새나 노력이 한눈에 보이기 때문입니다. 시간도 만만치 않게 들었을 거라는 생각도 듭니다. 물론 PC 활용능력이 뛰어나 오히려 시간을 절약했을 수도 있습니다.

서브노트를 작성하다 보면 수기로 작성할지 PC로 작성할지 고민될 때가 있습니다. 서브노트 작성은 지속적으로 보완(수정)의 과정을 거치게 되는데 PC는 수기로 할 때보다 수정이 빠르고 깔끔합니다. 그렇지만 흔히 사용하는 한글(Hwp)이나 엑셀(Excel) 사용에 능숙하지 못한 경우에는 수기 작성이 더 빠를 수 있습니다.

서브노트를 너무 완벽하게 만들기 위해 시간을 허비한다면 오히려 독이 될 수 있습니다. 본인에게 익숙한 도구(Tool)를 사용하여 서브노트의 목적에 충실하게 작성하고 본인만 알아볼 수 있으면 그것이 완벽한 서브노트입니다.

# 가벼워야 빨리 달린다

## 준비가 50%

공부를 시작하기에 앞서 주변에 많은 조언을 구하고, 공부시간을 할애하기 위해 퇴근 후의 계획을 세웠을 것입니다. 가족이 있는 경우에는 배우자와 아이들에게 동의도 구했을 것입니다. 이렇게 많은 고민과 결정을 한 수험생들이 공부를 시작한 지 얼마 되지 않아 흐지부지하는 경우를 자주 보았습니다. 그럼 왜 꾸준하게 공부를 하는 것이 어려울까요? 여러 가지 이유가 있겠지만 여기(이 장)에서는 '암기'라는 부분에 대해서 말씀을 드리겠습니다.

공부뿐만 아니라 많은 일들이 철저한 준비의 과정을 통해 성공적인 결과를 만들어 낸다는 사실을 잘 아실 겁니다. 레이싱 경기를 준비하는 자동차에 기름을 치고 나사를 조이고 타이어 상태와 트랙을 점검합니다. 아주 짧은 시간을 달리는 과정보다 더 많은 시간을 이런 준비의 과정에 할애합니다. 운동선수도 마찬가지입니다. 1~2시간의 경기를 위해 또는 10초 만에 끝나는 100m 달리기를 위해 선수들은 많은 시간을 준비합니다. 우리가 하는 일들은 어떤가요? 현장에서 콘크리트 타설을 위해 거푸집의 상태, 자재, 장비, 인력, 교통상황, 타설 시간, 기후 등을 체크합니다. 오히려 이런 준비의 과정이 실제로 콘크리트를 타설하는 시간보다 더 많은 시간을 들여야 하는 경우도 있습니다.

기술사 시험을 위해 기출문제 분석이나 마인드맵 그리고 서브노트를 작성하는 과정 또한 준비의 과정입니다. 그런데 수험생들이 잘못 이해하고 있는 부분이 자료를 수집하고 추천 서적을 구매하는 과정까지가 준비의 과정이라 생각하는 것입니다. 그리고 곧바로 책을 펴고 외우려 듭니다. 이건 마치 레이싱 카에 쓸모없는 부품을 잔뜩 달고 경기에 나가는 경우입니다.

다시 말씀드리지만 '준비가 완벽하다.'는 것이 많은 자료와 정보 수집을 말하는 것이 아닙니다. 단 한 권의 교재라도 무엇이 중요하고 무엇을 공부할 것인가를 사전에 파악을 하는 것입니다. 본격적으로 암기하기에 앞서 암기를 할 수 있는 최적의 상태를 만드는 과정까지가 준비의 단계라는 것입니다.

"준비의 단계에서는 암기라는 행위를 해서는 안 됩니다."

앞서 공부를 시작한 지 얼마 되지 않아 흐지부지하는 이유가 산더미 같이 쌓인 정보를 암기하면서 동시에 노트 정리까지 하려고 하니 시간도 많이 소요되고 잘 외워지지 않기 때문이죠. 암기가 뜻대로 되지 않으니 계속 같은 장을 반복하며 공부하게 되고 진도는 앞으로 나가지 못하게 됩니다. 그리고 같은 범위만 반복하다가 얼마 되지 않아 포기하게 됩니다.

준비 = 자료수집 + 기출문제 분석 + 마인드맵 + 서브노트

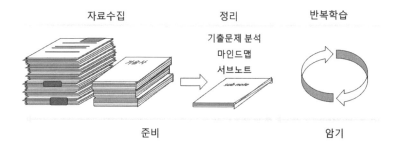

준비가 50%입니다. 계획대로 준비가 되었다면 이제부터 전력 질주를 할 것입니다. 전력 질주는 반복학습을 하는 것입니다.

## 반복학습 효과

두꺼운 교재나 여기저기 흩어져있는 프린트물, 그리고 인터넷에 올라온 각종 자료들을 아무런 요약 없이 그냥 눈으로 읽어 내려간다면 다시 반복해서 공부하려고 할 때 막막함과 새로움이 느껴질 것입니다. 설마 눈으로 읽기만 했을까요? 적어도 형형색색의 필기구나 형광펜으로 밑줄을 긋고 별표 정도는 표시했을 것입니다. 그런데 이런 짓(?)은 아무 소용이 없습니다. 밑줄을 긋고 별표를 친 부분을 별도의 노트에 옮겨 오지 않는다면 다시 보아야 할 텍스트의 양은 그대로입니다. 이해를 돕기 위한 수식어와 해설들을 그대로 두고 다시 복습을 한다면 이전에 공부한 시간과 큰 차이가 없을 것입니다. 그리고 처음으로 돌아가 다시 보면 기억이 잘 나지 않습니다. 왜 이런 현상이 일어날까요?

그 답은 망각에 있습니다. 반복하는 시간이 길면 길수록 기억하는 양이 줄어드는데 '에빙하우스 망각곡선'이나 '지식의 반감기'라는 말을 들어 보았을 것입니다. 사람의 기억은 시간이 지날수록 망각하게 된다는 이론입니다.

그렇다면 공부한 내용을 오랫동안 기억하려면 어떻게 해야 할까요? 인간의 단기기억을 장기기억으로 바꾸는 방법 중에 하나가 바로 반복학습입니다. 그런데 반복만 한다고 장기기억으로 바뀌는 것은 아닙니다. 짧은 시간 안에 반복을 하여야 합니다. 짧은 시간에 반복하기 위해서는 밑줄을 긋고 별표를 친 내용으로 서브노트를 만들어야 합니다. 즉, 중요하지 않다고 생각하는 것들은 모두 덜어내야 짧은 시간에 자주 반복할 수가 있습니다.

서브노트 = 빠른 반복학습

인간의 뇌 속에서는 뇌를 가장 효율적으로 최적화하여 사용하기 위해 시냅스의 가지치기가 일어난다.

농부는 맺혀 있는 열매와 나뭇가지를 관찰하면서 살릴 가지와 제거할 가지를 선택하여 최적의 가지치기를 한다. 그런데 인간의 뇌는 무슨 기준을 가지고 어떤 시냅스는 남기고 어떤 시냅스는 제거하는 것일까?

'시냅스의 가소성'에 대한 지식이 있다면 그 답도 쉽게 알 수 있다. 그 기준은 바로 '반복'이다. 우리가 어떤 행위를 지속적으로 반복하면 뉴런은 그렇게 생성한 시냅스는 매주 중요하다고 판단하여 튼튼하게 만든다. 반면 자주 하지 않는 행동은 뉴런에게 중요하지 않은 시냅스로 인식하게 하여 제거하게 만든다. 이렇게 시냅스의 가지치기가 진행된다.

[출처: 칼럼니스트 권장희]

## 반복에도 룰이 있다

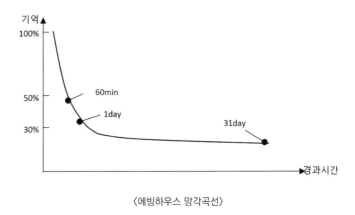

〈에빙하우스 망각곡선〉

위 그래프는 헤르만 에빙하우스(Hermann Ebbinghaus)의 망각곡선 입니다. 그래프를 보면 인간의 두뇌는 학습 후 1시간 정도가 지나면 50% 이상을 기억하지 못하고 망각하는 것을 알 수 있습니다. 망각곡 선의 특성을 자세히 보면 1~2일 사이에 급격히 이루어지며 나머지 는 완만하게 되어 있습니다. 이중 약 20~30%는 장기기억으로 저장 되어 오랜 시간이 지나도 각자의 두뇌에 저장이 되어 있습니다.

그렇다면 에빙하우스의 망각곡선을 바탕으로 하나의 가정을 해 보죠! 예습복습 없이 단순 반복으로 공부를 하는 경우 1회 반복 시 약 30%는 장기기억으로 저장이 되고 나머지는 망각을 한다고 가정 했을 때 몇 번을 반복해야 100%에 가깝게 기억을 할 수 있을까요?

| 구 분 | 1회 | 2회 | 3회 | 4회 | 5회 | 6회 | 7회 | 8회 | 9회 | 10회 |
|---|---|---|---|---|---|---|---|---|---|---|
| 기억(%) | 30 | 51 | 66 | 76 | 83 | 88 | 92 | 94 | 96 | 97 |
| 망각(%) | 70 | 49 | 34 | 24 | 17 | 12 | 8 | 6 | 4 | 3 |

〈반복회수와 기억률〉

위 표는 개인의 학습습관이나 기억력, 집중력, 경험 등에 따라 다르다는 점을 먼저 말씀드립니다. 반복하는 시점의 고려 없이 단순히 1회 반복해서 기억한 나머지(망각)를 다음에 학습할 때 30% 정도는 장기기억으로 전환된다고 가정해서 나온 결과입니다. 표를 보면 일반적으로 90% 이상 기억을 하기 위해서는 7회 이상 반복을 해야 하고 약 10회 정도 반복했을 때 97% 정도가 장기기억으로 저장되어 오랫동안 기억할 수 있음을 알 수 있습니다. 반복하면 할수록 오래 기억된다는 말입니다. 그렇다면 시험에 합격하기 위해 많이 반복할수록 좋은데 한 번 보기도 힘든 내용을 어떻게 여러 번 반복할 수 있을까? 여기에 대한 대답이 서브노트에 있는 것입니다.

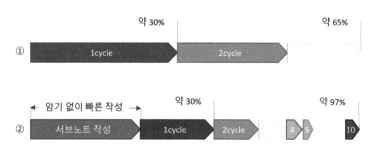

〈서브노트 작성 시 반복학습 효과〉

①의 경우는 가지고 있는 교재와 각종 자료들을 서브노트 없이 공부한다고 했을 경우 일정 기간 동안 약 3회 정도를 반복해서 공부한 경우입니다. ②의 경우는 공부를 시작하기 전에 서브노트를 만들어 약 10%로 압축한 내용으로 공부를 하는 경우입니다. 단순히 둘만을 비교하더라도 같은 기간 동안 서브노트를 만들어 공부한 경우가 더 많이 반복할 수 있음을 알 수 있습니다. 반복횟수가 증가할수록 공부하는 시간은 점점 짧아져 장기기억으로 저장되는 양은 더 많아질 것입니다. 여기에서 처음 1회 공부하는 시간은 사실 서브노트의 경우 10%로 압축하였기에 서브노트를 작성하지 않은 경우와 비교해서 10배는 빨리 끝낼 수 있겠지만 손으로 써 가면서 공부하는 시간을 고려하여 약 50% 정도의 효율로 계산한 것입니다. 이 부분도 개인마다 다르겠지만 서브노트를 만들어 공부를 하면 처음 1회까지는 더 많은 시간이 소요되지만 전체 기간으로 나누어 볼 때 더 많이 반복할 수 있습니다.

〈1일 반복학습 방법〉

반복학습은 학습계획을 수립한 전체 기간에서도 이루어지지만 매일매일 학습할 때도 반복학습이 이루어져야 합니다. 예를 들어 매일 평균 5시간을 공부한다고 가정을 한다면 1일 공부시간 중 약 10~20% 정도는 서브노트를 눈으로 읽는 시간으로 할애를 하는 것이 좋습니다. 뒤에서 설명을 하겠지만 기술사 시험은 총 400분 동안 서술형 시험으로 작성하는 답안지가 40~50페이지나 됩니다. 그래서 답안지를 구성하는 연습도 게을리해서는 안 되겠죠. 그런데 손으로 쓰면서 공부를 하면 생각보다 진도가 빠르지 못합니다. 그래서 서브노트를 눈으로 읽어서 빨리 반복해야 하는 시간이 필요한 것입니다. 그리고 마지막에는 10~30분 정도 복습하는 시간을 가지는 것으로 당일 답안 쓰기 연습한 내용을 눈으로 읽으며 복습을 한다면 반복학습의 효과를 더욱 높일 수 있을 것입니다.

개인마다 1일 공부시간이 다르기 때문에 1일 학습량에서 읽기와 쓰기, 그리고 복습의 시간 배분은 일정 기간 공부를 하면서 본인이 직접 시간을 적당히 배분해서 본인에게 적절하게 조정하면 될 것입니다. 서브노트의 1과목 또는 전체를 1시간 만에 모두 읽기는 불가능할지도 모릅니다. 그러나 처음에는 많은 시간이 걸리더라도 반복할수록 읽는 시간이 줄어들어 나중에는 1시간도 걸리지 않아 모두 볼 수 있습니다. 그리고 미리 작성한 마인드맵도 이 시점에서 한 번씩 꺼내어 읽어 보면 시너지를 내어 학습에 큰 효과를 낼 수가 있습니다.

아래 그림은 흔히 손으로 키워드를 써가며 암기하는 경우로 학창시절 빡빡이 숙제하듯 반복하는 경우가 있는데요. 단어를 암기하는 경우를 예를 들어 보면

AAAAAAAAA  BBBBBBBBBB  CCCCCCCCCC
DDDDDDDDDD  EEEEEEEEEE

이렇게 반복하며 외우는 경우가 있는데 이것보다는

ABCDE  ABCDE  ABCDE  ABCDE   ABCDE  ABCDE  ABCDE
ABCDE  ABCDE  ABCDE

이렇게 반복하는 것이 더 효과적입니다. 특정 키워드나 내용을 빡빡이 숙제하듯 키워드를 적고 키워드 주위에 동그라미 몇 번 치면서 외우기보다는 복습 시간을 할애해서 그날 공부한 것은 처음부터 끝까지 수차례 반복하여 보는 습관을 가져야 할 것입니다.

이런 방법으로 나름의 계획표를 작성해서 공부를 하다 보면 암기를 해야 하는 고통에서 벗어날 수 있습니다. 억지로 암기를 하는 것이 아니라 반복을 하다 보면 저절로 암기가 되어있음을 실감할 것입니다.

## 반복학습 & 가속도

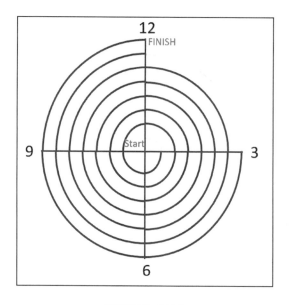

〈반복학습과 학습량〉

　반복학습의 효과는 위 그림과 같이 같은 3시간을 공부하더라도 시작 지점과 마지막 지점의 공부량은 엄청난 큰 차이가 있음을 알 수 있습니다. 실제로 서브노트를 만들어 1 Cycle 공부하는데 1주일 정도가 소요되었다면 수차례 반복하여 보았을 때는 몇 시간이면 다 볼 수 있습니다. 시작이 힘들지 어느 정도 반복을 하면 가속이 붙게 되죠.

　가끔 차력사가 정차해있는 트럭에 줄을 달고 신체의 특정 부위로

트럭을 당기는 쇼를 TV에서 본 적이 있습니다. 처음에는 꿈쩍도 하지 않는 트럭의 바퀴가 조금씩 굴러 어느 순간부터는 점점 빠른 속도로 움직입니다. 트럭이 어느 정도 움직이기 시작하면 처음 들였던 힘의 절반도 들이지 않고도 차를 움직일 수 있습니다. 그런데 여기서 잠시 멈추고 다시 차를 움직이려면 다시 처음과 같이 많은 에너지를 들여야 차를 움직일 수 있습니다. 이렇듯 공부를 시작했으면 절대 멈추어서는 안 됩니다. 하루를 쉬면 다시 제 속도를 내는 데 사흘이 걸리고 사흘을 쉬면 열흘, 열흘을 쉬면 완전히 멈추게 된다는 사실을 알아야 합니다.

공부에 가속이 붙으면 무겁던 머리가 한결 가벼워집니다. 처음에는 차를 출발시키는 데 모든 에너지를 쏟았지만 어느 정도 반복학습을 하다 보면 여유가 생겨 이런저런 자료를 찾아보기도 합니다. 그리고 출제빈도가 낮은 문제 중에서도 중요한 문제(진주 찾기)들이 보이기 시작합니다. 현장 경험을 어떻게 적용시킬지도 생각하게 되고 논문이나 학술지 등을 찾아봄으로써 이해를 높이고 적절한 그림이나 그래프도 찾게 되어 조금 더 차별화된 답안구성을 만들 수 있게 됩니다.

## 모른다는 것을
## 아는 것이 가장 좋다

## OUT-PUT 연습

지금까지 시험을 치르기 위해 수많은 정보를 두뇌에 차곡차곡 넣는 방법과 반복학습을 통해 장기기억으로 저장하는 방법에 대해서 설명하였습니다. 한마디로 정보를 두뇌에 Input 하는 방법에 대해 설명해 드린 것이죠. 그런데 시험은 내 머릿속에 있는 정보를 하나씩 꺼내어 글 또는 말로 문제에 대한 답을 채점자에게 보여 주는 것입니다. 그래서 Input한 지식을 Output 하는 연습도 필요합니다. Output 연습에 특별한 방법이 있는 것은 아닙니다. 그냥 문제를 내고 답을 하면 됩니다.

그런데 혼자 공부를 하는 경우 본인이 문제를 내고 본인이 답을 해야 하는 아이러니한 상황이 발생합니다. 같이 공부하는 친구가 있다면 서로 문제를 내어 주면 좋겠지만 혼자 공부를 하는 경우는 마땅한 방법이 없습니다. 결혼을 한 경우라면 아내나 남편에게 도움을 청해 문제를 내 보라고 하면 됩니다. 이런 경우 답변이 술술 나오면 모르겠지만 아닌 경우에는 미안함과 부끄러운 마음도 들 것입니다. 잘 모르는 문제를 내면 "그건 중요한 문제가 아니야!"라고 말하며 다른 문제를 내어 보라고 한 경험도 있을 것입니다. 그런데 이런 방법은 누군가의 도움이 없다면 테스트를 자주 하기 쉽지 않습니다.

저는 혼자서 공부를 한 케이스라 이런저런 방법으로 테스트를 해 보았는데요. 테스트를 자주 하기 위해 기출문제 리스트를 만들어 눈을 감고 볼펜을 리스트 위에서 이리저리 움직이다가 마음속으로 스톱을 외칩니다. 그때 볼펜이 가리키는 문제를 테스트해 보기도 하고, 문제를 오려 돌돌 말아서 박스에 담아 두었다가 제비뽑기하듯이 문제를 꺼내서 테스트를 해 보기도 했습니다.

그런데 어떤 방식으로 모의테스트를 하든 간에 한동안은 테스트를 할 때마다 공부에 도움이 되기보다 큰 좌절감을 느끼곤 했는데요.

그 이유는 대충 이렇습니다.
1. 오래전에 공부한 문제가 출제됨: 찝찝하지만 다시 출제함
2. 공부한 대로 써지질 않음: 미쳐버림

두 가지 이유가 모두 외운 것이 생각나지 않기 때문에 발생하는 문제죠. 공부한 지 좀 오래되어 기억이 나지 않거나 어제 공부한 것도 잘 생각이 나지 않기 때문입니다. 그래서 좌절감을 느낀 적이 한두 번이 아닙니다.

그런데 첫 시험을 쳐 보고 알게 되었습니다. 제가 하고 있던 모의테스트의 착각(문제점)에 대해서 말입니다.

## 착각 1: 모의테스트를 시험처럼 생각한다

모의테스트는 Output 연습을 위해서라도 자주 하면 좋습니다. 두뇌에 Input한 정보가 잘 있는지 확인하는 차원에서 말이죠. 우리는 항상 '시험은 연습처럼! 연습은 시험처럼!'이라는 말을 들어 왔습니다. 그래서 마치 시험을 치듯이 테스트를 하고자 하는 경우가 있습니다. 그런데 저는 조금 다른 설명을 드리겠습니다.

우선, 시험과 모의테스트(연습)의 차이를 알아야 할 것 같습니다.

시험은 본인이 알고 있는 내용을 시험지에 쏟아부어 '합격'하는 것이 목적이라면 모의테스트는 본인이 잘 알고 있는 것과 모르고 있는 것을 분명히 파악하는 것이 목적입니다. 그런데 대부분 모의테스트를 한다는 것은 그동안 공부를 하면서 본인이 얼마나 많이 외우고 있고 시험에 임할 준비가 되었나를 측정하는 정도로만 생각한다는 것입니다. 내가 무엇을 모르고 잘 외워지지 않는 것이 무엇인지를 파악해야 하는데 말이죠.

모의테스트를 통해 Output이 잘 되는 것은 이미 그 내용이 자신의 두뇌에 장기기억으로 저장이 되었다는 뜻이고, Output이 잘 안 되는 것은 아직도 장기기억으로 저장이 되지 않았다고 볼 수 있습니다. 그래서 테스트를 통해 잘 외워지지 않는 부분은 마인드맵이나 서브노트에 표시를 해두고 반복학습을 할 때 더욱 집중해서 보아야 하는 것입니다. 본인이 잘 알고 있는 부분을 반복해서 외우기보다 잘 외워지지 않는 부분을 몇 번 더 보는 것이 효율적이겠죠. 장기기억으로 저장하기 위해서 말입니다.

그래서 모의테스트는 가급적 자주 하는 것이 좋습니다. 시험을 앞두고 며칠 전에 한두 번 하기보다는 하루에 한 문제라도 매일 하는 것이 도움이 됩니다. 휴일에는 여러 문제를 출제해서 테스트를 해 보는 것도 추천합니다. 여기서 중요한 점은 모의테스트는 스스로가 무엇을 모르는지 알아가는 과정이라는 것입니다. 모의테스트를 마치 시험을 보듯이 내가 얼마나 알고 있느냐에 초점이 맞추어 지고, '열심히 했는데 왜 기억이 안 날까?'라고 생각하는 순간 심한 자괴감(실망감)에 빠지고 그동안의 열심히 해오던 동력을 잃어버릴 수도 있습니다.

모의테스트 ≠ 얼마나 아느냐?
모의테스트 = 무엇을 모르느냐?

그냥 본인이 무엇을 모르고 있는지 파악하고 무엇에 집중해야 할지를 알아가는 수단으로 활용하시면 마음이 한결 편안해질 것입니다.


## 착각 2: 모의테스트를 외운 대로 적으려 한다


모의테스트를 하다 보면 가끔 멘붕(멘탈 붕괴)에 빠지고 공부의 의욕과 식욕이 사라지기도 합니다. 그 이유도 기억이 잘 나지 않아서입니다. 더 정확한 표현은 외운 대로 기억이 나지 않아서입니다. 이런 테스트를 자주 한다면 정말 공부할 맛이 나지 않을 것입니다. 저는 첫 시험을 치러 가기 전에 몇 번의 모의테스트로 '과연 몇 문제를 풀 수 있을까?', '시험을 포기할까?'를 고민했던 적이 있습니다. 어떤 방법이든 모의테스트를 해 본 분이라면 저와 비슷한 고민을 해 본 분이 있을 거라는 생각이 듭니다. 그런데 막상 시험을 쳐보니 우려와 달리 선택한 문제는 모두 적고 나왔습니다. 11~12페이지를 100분 동안 열심히 적고 나왔습니다. 불과 며칠 전에는 몇 줄을 작성하기가 힘들었는데 시험 당일에는 시간의 부족함이 느껴질 정도로 미친 듯이 답안을 작성할 수 있었습니다. 물론 점수는 60점에 미치지 못하여 떨어졌지만 첫 시험의 경험으로 자신감을 얻고 새로운 사실을 알게 되었죠.

  그럼 왜 모의테스트 때는 몇 줄도 써지지 않던 답이 시험 칠 때는
잘 써질까?

  먼저 모의테스트의 아이러니한 상황에 대해 말씀드리겠습니다.
학원이나 주변의 도움이 없다면 모의테스트 출제자는 테스트를 받
는 본인이라는 점입니다. 물론 어떤 문제가 출제될지 모르게 랜덤으
로 문제를 발췌한다면 출제자는 중요하지 않습니다. 그런데 채점자
또한 본인이라는 사실입니다. 본인이 채점을 하게 되니 본인 공부했
던 답안이 곧 정답이라 생각하는 것이죠!

  그래서 본인이 공부한 서브노트의 내용을 토씨 하나 틀리지 않고
외운 대로 쓰려고 하니 잘 써지지 않는 것입니다. 그런데 시험장에
서는 정답의 여부를 떠나서 본인이 아는 것을 적으니 모의테스트 때
보다 답안 작성이 더 수월합니다. 물론 어느 정도 공부를 한 상태에
서 가능한 이야기입니다. 시험에 응시해 본 경험자라면 시험을 마치
고 나오면서 '생각(우려)보다 잘 써진 것 같다!'라는 경험을 한 응시자
가 많을 것입니다. 당락과는 상관없이 말입니다.

시험 ≠ 외운 대로 적는 것
시험 = 아는 것을 적는 것

시험은 아는 것을 적는 것입니다. 이 말은 제가 앞으로 공부할 방법에 큰 변화를 주었죠. 암기보다는 이해에 무게를 두고 공부를 했으며, 모의테스트 방법에도 변화가 있었습니다. 시험을 치듯이 답안지를 제대로 작성하는 것이 큰 의미가 없다는 생각이 들었죠. 그냥 질문과 핵심적인 키워드만 적어 보는 것입니다. 테스트 방법을 바꿈으로써 평소 1주일에 한두 번의 테스트를 매일 할 수 있게 되었습니다.

모른다는 것을 아는 것이 가장 좋다.

모른다는 것을 모르는 것은 병이다.

知不知尙矣, 不知不知病矣 - 노자

## 약식 테스트

약식 테스트 방법은 전날 또는 당일 공부한 내용으로 복습하듯이 키워드만 뽑아서 간략하게 적어 보는 것입니다. 키워드만 생각나면 본인이 이해하고 있는 내용들과 수식어들은 저절로 생각이 나는 경우가 많습니다. 가끔 테스트를 하다가 기억이 날듯 말듯 꽉! 막힌 느낌이 들 때 대부분은 핵심키워드가 생각이 나지 않아 발생하는 경우입니다. 키워드만 생각이 나면 외운 대로 쓸 수는 없지만 아는 대로 쓸 수는 있습니다. 그렇다고 내용이 달라지지는 않습니다. 앞에서도 말했지만 모의테스트는 본인이 아는 것과 모르는 것을 확인하기 위한 것입니다. 외운 대로 똑같이 답안지를 작성하기 위함이 아니라는 점을 분명히 하면 키워드만 적어 봄으로써 시간도 절약하고 모의테스트의 목적은 충분히 이룰 수 있습니다.

〈약식 테스트 방법〉

그림이나 그래프 등도 '이런 그림을 그려야겠다!'라는 생각이 떠오르면 반드시 그려 볼 필요는 없습니다. '그림은 어느 정도의 크기로 어디쯤에 배치해야겠다.'고 생각(상상력)으로 테스트를 하면 될 것입니다.

## 정식 테스트

정식 테스트는 말 그대로 시험 상황과 비슷하게 테스트를 하는 방법입니다. 그렇지만 말처럼 쉽지 않으므로 시간이 될 때마다 한두 문제를 풀어 보는 방식으로 테스트를 해도 좋습니다. 다만 테스트를 할 때는 답안을 연속하여 작성하는 연습을 하길 바랍니다. 저의 경우 모의테스트 때나 연습 시 항상 첫 줄에 문제를 쓰고 답을 작성하다 보니 막상 시험을 칠 때 다음 문제의 시작이 맨 윗줄이 아니라 중간이나 마지막 부분에 애매하게 걸쳐지는 경우가 대부분 이었습니다.

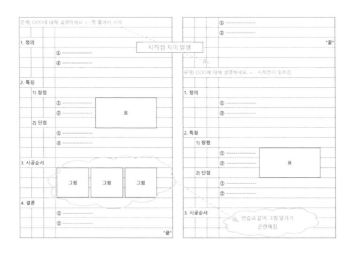

〈모의테스트(좌)와 실제 답안(우)의 차이〉

당시에는 시간도 부족하고 이것저것 신경 쓸 겨를이 없어 닥치는 대로 답안을 작성했지만 시험을 마치고 나서 답안의 맺고 끊는 위치에 대해 고민을 하였습니다. 답안을 맺고 끊는 위치가 채점자에게 어떻게 느껴질지 모르지만, 직접 답안을 작성해서 보면 항상 일정한 위치에서 마무리가 되는 것만으로도 답안구성이 체계적이라는 느낌을 받을 수 있습니다.

그리고 가끔은 페이지당 작성시간도 체크해 보고 문제당 몇 페이지를 할애할지도 테스트를 통해 점검해 보는 것도 좋은 방법입니다. 정식 테스트는 답안의 내용뿐만 아니라 그동안 연습하고 준비한 부분들이 시험시간 100분 동안 작성 가능한 것인지에 대한 점검도 해 보시길 바랍니다.


## 모의테스트 프로그램

휴일을 이용하거나 시험이 다가와서 모의테스트를 해 보려고 한다면 모의테스트 프로그램을 이용하는 것도 좋습니다. 별도로 종이를 오려서 만들거나 하는 시간을 줄여 줄 수 있고 가족이나 친구들에게 도움을 요청할 필요도 없습니다. 모의테스트 프로그램은 지금까지 출제된 기출문제(본인 직접 입력)를 랜덤으로 뽑아 문제를 출제합니다. 설정을 통해 1문제만 출제되게 할 수도 있고 4교시 전체 문제를 출제하게 할 수도 있습니다. 프로그램은 반복학습을 통해 어느 정도 공부를 한 상태에서 사용하는 것을 권합니다. 단, 모의테스트 프로그램의 단점은 랜덤으로 문제를 출제하기 때문에 인정사정 봐주지 않습니다.

# 같은 시간 공부하고
# 먼저 합격하기

**얼마나 공부해야 합격을 할까?**

'과연 얼마나 공부해야 기술사 시험에 합격할 수 있을까?'는 기술사를 준비하는 분들이 자주 물어보는 질문이기도 합니다. 필기시험의 경우 1~2회(3개월~6개월) 만에 합격하면 빨리 합격한 경우고 3회 정도면 평균적인 것 같습니다.

아래 그래프를 보시면 1~2년 정도 공부한 응시자가 합격률은 제일 높지만 합격률의 차이가 3~6개월 공부한 응시자와 큰 차이가 없어 보입니다. 그리고 오랜 기간(2년 이상)을 공부한 응시자의 합격률이 점점 더 상승해야 정상적인 것 같지만 그렇지도 않습니다.

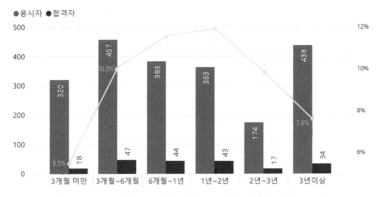

●응시자 ●합격자

〈2015~2019년 건축시공기술사 시험준비 기간별 필기 합격률/Q-net〉

　사실 위 그래프만으로 얼마나 공부를 해야지 합격할 수 있을지 파악하기가 쉽지 않습니다. 개개인마다 하루 학습량이나 집중력, 기억력, IQ 등 학습능력이 다르기 때문이죠.

　그래서 학습능력이라는 부분은 제외하고 누적학습량(시간)을 가지고 어떻게 해야지 합격에 가까워질 수 있는지를 같이 고민해 보면 좋겠습니다. 여기서 누적학습량은 기술사 공부를 위한 시간의 누적치를 말합니다.

　쉽게 설명드리면 기술사 합격까지 투자한 시간이 '500시간', '1,000시간'이라고 하는 것을 말합니다. 이제부터 '3개월 만에 합격', '1년 만에 합격'이란 말은 중요하지 않습니다. 3개월 동안 1,000시간을 공부한 응시자가 있을 것이며 1년 동안 500시간만 공부한 응시자도 있을 것이기 때문입니다.

저는 건축시공기술사 합격에 1,000시간 정도 든 것 같습니다. 하루 5시간 * 30일 * 6개월 = 900시간과 주말에는 좀 더 많은 시간을 할애해서 1,000시간 이상 한 것 같습니다. 그것도 1차 합격에만 소요된 시간입니다. 이런 점으로 미루어 짐작해 보면 최종합격까지 넉넉잡아 2,000시간이면 충분히 합격할 수 있으리라 생각합니다.

그런데 이런 궁금증이 생깁니다.
'2,000시간을 공부한 응시자는 모두가 합격했을까?'
적어도 많은 사람이 합격했지만 그래도 100%는 아닐 것이라는 생각이 듭니다.

그렇다면 다시 이런 궁금증이 생깁니다.
'2,000시간을 공부했는데 왜 떨어질까?'

여러 가지 원인이 있겠지만 그 원인 중에 가장 중요한 점이 '사람은 망각을 한다.'는 점입니다. 망각에 대해서는 반복학습 설명에서 한번 언급이 되었습니다. 많은 정보가 반복학습을 통해 장기기억에 저장이 된다고 말입니다. 그렇지만 정보가 장기기억으로 저장된다고 하더라도 시간이 지나면 지날수록 어쩔 수 없이 '망각'으로 인해 그동안 공부하고 외웠던 것들이 조금씩 지워지고 있다는 것이지요.

10년 전에 읽은 책보다 1년 전에 읽은 책이 조금 더 선명하고, 1년 전에 읽은 책보다는 1달 전에 본 책이 좀 더 선명하게 기억이 날 것입니다. 어제 읽은 책은 어떨까요? 당연히 1달 전에 본 것보다 더 많은 양의 정보가 더 선명하게 기억이 될 것입니다.

극단적으로 설명해 드리면 본인이 1년 전에 아주 많은 시간을 공부했다고 하더라도 현재에 큰 도움이 되지 않는다는 사실입니다. 오히려 최근 몇 개월 동안 공부한 내용이 시험에서 더 큰 도움이 된다는 것이지요.

이제 막 기술사를 준비하시는 분이나 오랜 기간 공부를 하셨던 분들도 기술사 합격을 위한 공부량(시간)을 고려할 때 '망각'이라는 관점을 고려하여 계획 하셔야 합니다.

아래의 3가지 사례로 '망각'이라는 부분을 고려한 누적학습량 산정 시점에 대해 설명을 드리겠습니다.

[사례1]

〈1안〉은 공백 기간 없이 바로 응시한 경우이며 〈2안〉은 일정 기간 공백 기간 후 시험에 응시한 경우입니다. (1개월 = 30일)

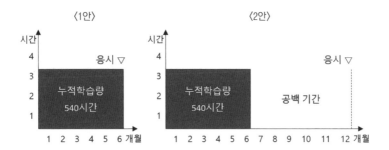

〈1안〉은 하루 6시간 6개월 동안 누적학습량 1,080시간을 공부한 후 응시한 경우이며 〈2안〉은 하루 3시간 12개월 동안 누적학습량 1,080시간을 공부한 후 응시한 경우입니다.

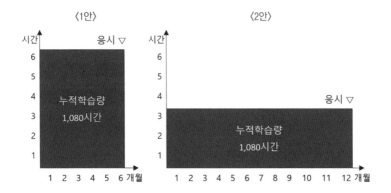

〈1안〉은 처음 3개월간 하루 6시간을 공부하다가 나머지 3개월은

CHAPTER 3: 어떻게(How)

하루 3시간을 공부한 경우이며 〈2안〉은 처음 3개월간 하루 3시간을 나머지 3개월은 6시간을 공부한 경우로 두 가지 안 모두 누적학습량 이 1,080시간을 공부한 경우입니다.

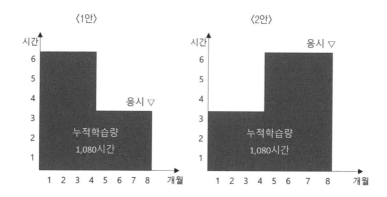

위 3가지 사례 중에서 사례1의 경우 〈1안〉, 사례2의 경우 〈1안〉, 사례3의 경우 〈2안〉이 시험에 조금 더 유리합니다. 누적학습량만 보았을 때 같은 시간을 공부했지만 실제로는 같지 않다는 것입니다.

누적학습량도 중요하지만 같은 시간을 공부하더라도 시험일과 가까이 얼마나 더 많이 공부를 했는지가 중요한 요소가 되는 것입니다.

사례1의 경우는 공부를 하다가 공백 기간을 가지면 같은 시간을 공부하더라도 많은 부분을 잊어버리는 사례입니다. 군이 설명을 드리지 않아도 잘 알 것으로 생각됩니다. 공부를 시작했으면 끊임없이 진행해야 합니다.

이제 막 기술사를 준비하는 분은 학습계획을 잡을 때 너무 장기적인 목표를 잡는 것보다 단기적인 목표를 잡는 것이 유리합니다. 같은 시간을 공부를 해도 합격률을 높이는 방법이 뭔지 고민해서 하루 공부시간을 최대로 잡는 것이 중요합니다.(사례2 참조)

그리고 여러 차례 시험에 응시했지만 매번 고배를 마셨다면 본인의 일일 공부시간을 점검해 보고 특히 시험일정과 가까운 시점에서 평소보다 더 많은 시간을 할애할 수 있도록 계획을 잡으셔야 합니다.(사례3 참조)

3가지 사례에서 누적학습량은 응시일과 관련이 있습니다.

누적학습량 산정 기준일 = 응시(시험)일

우리는 이런 점을 굳이 그래프로 확인하지 않아도 본능적으로 알고 있습니다. 그래서 학창시절 벼락치기를 했나 봅니다. 그렇다고 벼락치기를 하라는 것은 아닙니다. 며칠 바짝 공부한다고 합격을 할 수 있는 그런 종류의 시험이 아니기 때문입니다. 최소 시험일 이전 2~3개월간 일일 5시간 이상은 공부를 하는 것이 좋다는 것입니다.

여기서 5시간이라는 기준은 직장을 다니면서 기술사를 준비하는 경우를 두고 설정한 시간입니다. 하루 24시간 중 취침시간(6시간)과 근무시간(8시간), 식사시간(2시간)을 제외하면 8시간이 남습니다. 8시간 중에서 출퇴근에 소요된 시간과 기타 시간을 제외하면 오롯이 공부에 집중할 수 있는 시간으로 5시간을 충족하기에도 어려움이 있습니다.

결국에는 일상생활을 영위하는 시간을 제외한 모든 시간은 공부에만 몰두해야 한다는 것입니다. 시험을 앞두고 이렇게 공부하지 않으면 수개월 전에 아무리 많은 공부를 하였다 하더라도 이번 시험에 합격할 확률이 줄어든다는 것이지요.

많은 합격자가 회식은 물론 지인들의 경조사와 가족들과의 휴가까지 포기하며 공부를 했다는 경험담을 합격수기를 통해서 쉽게 찾아볼 수 있습니다. 심지어 시험 전 명절이 끼어 있는 경우에는 고향에 가지 않고 독서실이나 집에서 공부를 했다고 하니 합격을 위한 막판 스퍼트가 얼마나 중요한지 잘 알 수 있습니다.

# 아웃풋을 위한
# 자투리 시간 활용법

## 시간 부족

시험을 준비하는 예비기술사들은 항상 시간이 부족합니다. 하루에 공부할 수 있는 시간이 10시간이든 5시간이든 1시간이든 항상 시간이 부족함을 느낍니다. 오히려 '시험이 아직 많이 남았어!'라든지 '요즘 쉬고 있어 시간이 남아돌아!'라든지 스스로 여유가 있다고 생각한다면 합격과 거리는 점점 멀어질 것입니다. 많은 사람들이 항상 발등에 불이 떨어져야 다급함을 가지고 집중을 하게 되죠! 저만 그런가요?

아무튼 항상 시간의 부족함을 느끼는 예비기술사들은 없는 시간을 쪼개어 공부를 합니다. 출퇴근 시간이나 점심시간 또는 출장을 다녀오는 시간 등 직장을 다니는 분이라면 길에서 허비하는 시간이 자투리 시간으로 활용하기에 더할 나위 없이 좋은 시간입니다.

자투리 시간 활용은 부족한 공부량을 보충한다는 점에서 큰 의미가 있지만 하루하루 새롭게 시작하는 마음을 부여해서 작심삼일로 끝나지 않게 원동력을 제공한다는 점에서도 큰 의미가 있습니다.

아마 많은 분들이 앞에서 설명한 마인드맵과 서브노트를 휴대가 간편하게 출력하거나 PDF 파일로 변환하여 출퇴근 시간이나 점심 시간 등을 활용해 공부를 하고 있을 것입니다. 그리고 Think Wise 나 OneNote 등의 앱(App)을 이용하면 스마트 폰으로도 마인드맵과 서브노트를 볼 수 있으니 별도로 노트를 출력해서 들고 다닐 필요도 없습니다. 이 정도는 이 책에서 말하지 않아도 모두가 활용하고 있으리라 생각이 들어서 구체적인 설명을 하지 않겠습니다.

저는 자투리 시간 활용의 또 다른 3가지 방법을 설명드리겠습니다.

첫 번째는 대중교통을 이용해서 출퇴근을 하는 경우입니다. 대중 교통을 이용하면 손발과 눈이 자유롭기 때문에 미리 만들어둔 서브 노트를 활용하여 읽기를 반복합니다. 물론 훌륭한 학습법입니다. 전형적인 Input 학습이죠! 그런데 가끔은 Output 학습법이 필요합니다. 그래서 마인드맵을 활용한 Output 학습법을 설명드리겠습니다.

두 번째는 자가운전을 이용해 출퇴근을 하는 경우입니다. 자가운전의 경우 운전에 집중해야 하기 때문에 뭔가를 읽고 쓰기를 하기에는 곤란한 점이 있습니다. 그래서 대부분은 인강의 내용을 청취하는 것으로 학습을 합니다. 이런 인강 청취를 좀 더 효율적으로 하는 방법에 대한 설명입니다.

세 번째는 출퇴근 시간이 아닌 업무시간의 활용입니다.

## 대중교통을 이용할 때: 마인드맵(Mind Map) 작성

또 한 번 마인드맵이 등장하는데 여기서 설명드리는 마인드맵은 앞에서 설명한 마인드맵과 차이가 있습니다. 앞에서 설명한 마인드맵은 교재나 시방서 등을 마인드맵으로 정리를 한 것이고 지금 설명을 드리는 것은 본인의 머릿속에 있는 지식들을 마인드맵으로 직접 그려 보는 것입니다.

별도의 교재나 서브노트가 필요 없고 종이와 펜만 있으면 얼마든지 만들 수 있기 때문에 장소와 시간을 가리지 않고 공부를 할 수 있는 방법입니다. 조금만 훈련이 되면 종이와 펜이 없이도 상상으로도 충분히 가능한 학습법입니다.

방법은 2가지가 있는데 큰 차이는 없습니다. 자문자답 방식으로 본인 마음대로 문제를 내고 생각하고 있는 부분을 키워드 형식으로 답을 하는 것입니다. 본인의 지식을 다른 사람에게 설명한다는 마음으로 연습을 하면 효과가 더욱 좋습니다.

　　첫 번째 방법은 정의를 내리는 방법입니다. 핵심키워드에서 깊이 있게 들어가기보다는 폭넓게 확장하는 방식으로 가지가 3단계 이상 뻗어 나가지 않도록 합니다.

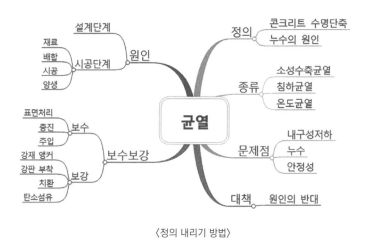

〈정의 내리기 방법〉

　　1. 문제를 출제합니다. '콘크리트에 대해 설명하시오?'
　　2. 본인이 생각하는 콘크리트가 '균열'이라고 생각하면 균열을 가

운데에 놓고 마인드맵을 그리면 됩니다. 때로는 '배합'이라는 측면에서 때로는 '철근'이라는 측면에서 바라보는 각도를 바꾸어서 마인드맵을 그려 보는 것을 추천합니다.

3. 마인드맵 그리기가 완료되면 콘크리트가 균열이라 생각하는 이유를 정의로 표현하는 것입니다.

4. 정의: 균열은 콘크리트의 중성화와 철근의 부식으로 수명을 단축시키고 누수로 인한 불편과 오염을 초래한다. 그래서 콘크리트의 핵심은 균열 예방이다.


두 번째 방법은 특정 키워드를 왜? 무엇을? 어떻게? 계속해서 물어보는 방식입니다. 핵심키워드에서 가지를 깊이 있게 계속해서 뻗어 나가는 방법입니다. 가지를 알고 있는 만큼 계속해서 뻗어 나가

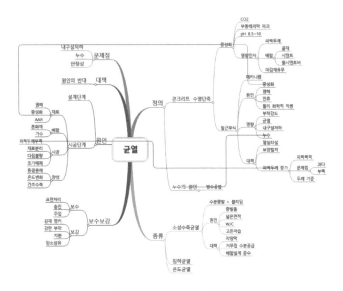

〈가지를 깊게 뻗어 가는 방법〉

다 보면 전혀 새로운 영역으로 뻗어 나가기도 하고 연관된 키워드들을 발견하기도 합니다. 이런 방식으로 마인드맵을 그려 보면 콘크리트의 마인드맵이 균열의 마인드맵으로 바뀔 수도 있습니다.

이렇게 마인드맵의 가지를 깊이 있게 그려 보면 본인이 작성한 마인드맵과 서브노트의 경계를 허물어 줄 것입니다.

위 두 가지의 방법은 입력(Input)하는 공부법으로 지친 두뇌를 쉬게 하는 공부법이라 할 수 있습니다. 특히 공부를 하다가 책이 눈에 들어오지 않고 집중이 되지 않는 경우가 있는데 이럴 때 억지로 진도를 나가기보다는 차분히 앉아서 마인드맵을 그려 보면 효과적입니다. 1시간 정도 *끄적끄적* 마인드맵을 그리다 보면 머릿속이 좀 정리된 것 같고 그전에 보지 못한 키워드 간의 연관성도 찾게 되고 이미 만들어진 마인드맵이나 서브노트와 비교하여 보완해도 좋습니다.

머릿속에 있는 지식을 꺼내는 것도 연습을 통해서 가능합니다. 아무리 열심히 공부하고 많은 지식을 가지고 있다고 하더라도 짧은 시간 내에 논리적으로 문제를 풀어 나가기 위해서는 계속해서 키워드를 꺼내고 키워드별 연관성을 눈에 익혀야 합니다.

그리고 면접시험을 준비하는 경우라면 입으로 읽고 말을 하는 연습을 반복적으로 해야 면접관 앞에서 부드럽게 설명을 할 수가 있습니다. 그래서 위 방법에서 정의나 문제점, 대책 등을 키워드를 보고 문장으로 만들어 말하는 연습을 많이 해야 합니다. 면접시험도 이렇게 연습하면 큰 도움이 될 것입니다. 연습한 연습지는 날짜를 기록하고 순서대로 모아 보면 지식의 확장과 깊이에서 큰 발전이 있음을 알 수 있을 것입니다.


## 자가운전할 때: 빨리 듣기(속청)

속청은 빨리 듣기를 말합니다. 2000년대 초반 한때 유행했던 학습법 중에 하나였죠. 최근에 속청에 대해 찾아보니 외국어 학습에 많이 활용하고 있는 것 같습니다. 저도 기술사 공부를 하기 전에 속청에 대해 알게 되어 책을 구매하고 CD를 통해 빨리 듣는 연습을 했습니다. 실제로 1주일 정도 들으면 처음에 들리지 않던 4배속의 소리가 깨끗하게 들립니다.

속청은 뇌에 있는 베르니케 중추를 자극하여 집중력과 기억력이 높아진다고 합니다.

아무튼 저도 속청을 활용하기 위해 나름 중요하다고 생각하는 문제들을 읽어 MP3기기로 녹음을 했습니다. 그리고 재생속도를 빠르게 해 주는 오디오 프로그램을 이용하여 속도를 3배속 정도로 만들어 출퇴근 시 운전 중에 들었습니다.

자꾸자꾸 반복해서 들으니 익숙해져서 들리는 건지 내용을 다 외워서 들리는 건지 모르지만 3배속의 소리가 잘 들렸습니다. 며칠을 고생하며 만들었는데 처음에는 쓸데없는 짓으로 시간만 낭비한 것 같아 후회를 많이 했습니다.

그런데 속청이 의외의 장점이 하나 있는데 그것은 같은 시간에 2~3번 더 들을 수 있다는 것입니다. 자연스럽게 반복학습이 되는 거죠. 자꾸 반복해서 듣다 보니 저절로 외워진 것 같습니다.

속청을 소개하는 이유가 저처럼 직접 녹음해서 들으라는 건 아닙니다. 요즘에는 인강을 듣는 수험생이 많습니다. 인강을 들을 때 1배속이 아닌 2~3배속 정도 빠르게 해서 들으면 반복학습 효과를 기대할 수 있습니다. 특히 스마트폰의 오디오 앱 중에는 배속을 3~4배속으로 빠르게 해 주는 앱도 있으니 시간을 들이지 않고도 3~4배속으로 쉽게 들을 수 있다는 점 참고하세요.

## 업무시간에 공부하기

업무시간에 공부를 할 수 있다면 얼마나 좋을까요? 돈도 벌고 공부도 하고…. 꿩 먹고 알 먹고?? 그런데 업무시간에 공부를 한다는 것을 업무를 뒷전으로 하고 공부하라는 의미는 아닙니다. 아마도 기술사를 준비하는 많은 분들이 본인의 업무와 연관된 종목의 자격을 취득하기 위해 공부를 하고 있을 것입니다. 그렇다면 각자의 업무에 조금 더 관심을 가지고 집중하면 그게 기술사 공부가 될 수 있다는 것입니다. 새로운 공법이 나오면 현장에서 적용 여부와 이미 진행 중인 공법과 장단점을 비교할 수도 있고, 새로운 제도가 시행되면 현장에 해당 여부를 검토할 수도 있습니다. 그리고 현장에서 진행되는 각종 공법들에 좀 더 관심을 가지고 보면 답안지를 차별화할 내용들이 눈에 보이게 됩니다. 이런 관심은 업무에도 큰 도움을 줄 수 있습니다.

기술사 공부는 업무의 방해가 아니다

기술사에 합격하신 분 중에는 제안서를 작성하며 업무에서 배운 지식이 기술사 시험에 큰 도움이 되었다는 경우와 시공계획서와 기술검토서를 꼼꼼히 보다 보니 공부한 지 3개월 만에 합격하신 분도 있습니다. 저의 경우에도 공무업무를 맡다 보니 '단품슬라이딩 제도'를 현장에 적용할 수 있는지 검토하다가 시험에 출제된 경험이 있고요. 아마 시험에 응시하다 보면 시험과 상관없이 접했던 정보들이 시험문제에 출제된 경험을 해볼 것입니다. 이렇게 우연치 않게 업무와 관련된 문제가 나오면 무조건 답안지를 작성해야 하는데 관심 있게 보지 않으면 답안지 작성이 쉽지 않습니다. 흔히 기술사에 합격하기 위해서는 '피나는 노력과 운이 따라야 한다.'고 합니다. 이렇게 나온 한 문제를 놓치지 않았을 때 운이 따른 것이고 시험의 당락을 좌우할 수 있다고 생각하셔야 합니다.

# 학원!
# 반드시 다녀야 하나?

## 학원을 다녀야 할지 고민하는 이유?

기술사를 막 시작하는 예비기술사들이 학원을 다녀야 할지 혼자 공부해야 할지 고민하는 글들을 보았습니다. 이렇게 고민을 하는 이유는 여러 가지가 있겠지만 무엇을 어떻게 공부해야 할지 막연한 마음을 해소하고 효율적이고 체계적으로 공부해서 최대한 빨리 합격하고 싶은 마음도 있을 것입니다.

사람이 고민(갈등)을 한다는 것은 양쪽의 무게를 가늠하기가 힘들어서, 쉽게 말하면 뭐가 더 좋은 것인지 확신이 서지 않아 고민을 한다고 생각합니다. 학원 선택을 고민하는 여러 이유 중에는 학원을 다니는 데 소요되는 시간과 비용만큼 원하는 정보를 얻을 수 있을까 하는 점이 큰 비중을 차지할 것 같습니다.

〈학원을 고민하는 이유〉

1. 무엇을 어떻게 공부해야 할지 막연함

2. 체계적이고 효율적인 학습방법 모색

3. 시험 정보 수집 시간 단축

4. 경험하지 못한 공법에 대한 이해

5. 학원을 다니고 싶지만 시간, 비용, 거리의 한계

6. 출제 예상문제에 대한 기대

## 학원을 다니는 것이 좋다?

제 개인적인 생각을 먼저 말씀드리면 '학원을 다니는 것이 좋다.' 입니다. 그 이유는 제가 궁금해하는 많은 정보를 학원을 통해 얻었다고 생각하기 때문입니다. 이런 정보는 학원 강사에게 얻은 부분도 있지만 같이 공부하는 분들에게 얻은 것도 있습니다.

그런데 같은 학원을 다녔지만 불만을 가지는 분들도 있습니다. 본인이 기대만큼 학원이 충족시키지 못한다는 점입니다. 예를 들면 예비기술사 'A'는 교재에서 설명하는 내용을 이해하는 데 좀 더 기대를 하고 강의를 들었는데 본인의 기대를 충족하지 못하는 강의가 반복되고 있다고 생각하는 경우입니다. 'B'는 교재 내용보다는 학습요령에 대해 더 궁금해하며, 'C'는 시험에 나올만한 예상문제를 기대하기도 합니다. 이렇게 다양한 기대를 가진 예비기술사들과 한 강의실에서 수업이 진행되면 강의를 듣는 모든 수강생을 100% 만족할 만한 강의가 이루어지기는 쉽지 않을 것 같습니다. 저도 학원을 다니며 몇 주 정도 지났을 때 '더 이상 학원들 다니기보다 혼자 공부하는 것이 더 효율적'일 것이라고 생각한 적이 있습니다.

그래도 학원 강의를 들으며 적어도 본인이 무엇을 취할 것이지 목적이 뚜렷하다면 기대만큼은 아니지만 지불한 학원비 이상의 정보를 얻어 갈 수 있을 것입니다. 그런데 문제는 목적 없이 그냥 학원을 등록하고 다니는 분들입니다. 학원을 다니는 목적이 기술사 시험에 응시하려고 하니 당연히 다녀야 한다고 생각하고 말 그대로 그냥 다니시는 분들인데요. 이렇게 목적 없이 다니는 분 중에는 본인이 듣고 싶은 것만 듣고, 보고 싶은 것만 보는 유령과 같은 분들이 존재합니다. 정말 아무런 정보가 없어서 질문을 하는 것 같지만 상대가 하는 이야기 중 특정 부분만 부각시키고 본인이 생각하는 것과 벗어나는 정보는 잘못되었다고 생각하는 것이지요. 때로는 하나만을 바라보며 집중하다가 다른 사람들의 말에 쉽게 현혹되어 곧잘 포기하기도 합니다. 설마 이런 분들이 많지는 않겠지만 이런 유형에게 학원에 대한 조언을 구하면 '학원은 다닐 필요도 없는 곳'으로 인식될 수 있습니다.

학원 ≠ 정보를 주는 곳!

학원 = 정보를 찾는 곳!

우리가 흔히 하는 착각은 학원이 정보를 제공해 주는 곳이라고 생각하는 것입니다. 지금 학원을 등록해야 할지 말아야 할지를 고민한다면 한 가지는 분명히 기억하시기를 바랍니다. 학원은 정보를 제공하는 곳이 아니라 정보를 찾는 곳이라는 점입니다. 수동적인 자세로 학원에서 정보를 제공할 것이라고 생각하고 다니면 지불한 수강료가 아깝다고 생각할 것이고 능동적으로 학원에서 정보를 찾고자 한다면 지불한 수강료 이상의 성과를 얻을 수 있을 것입니다.

## 깨달음의 가치?

기술사 시험에서 깨달음이란 자신의 문제점(부족한 점)에 대한 인지(이해)입니다. 깨달음의 대상이 학습내용일 수도 있고 학습방법이나 습관이 될 수도 있습니다. 본인은 철저한 스케줄 관리와 많은 시간을 공부에 할애했다고 생각하는데 수차례 낙방을 한다면 말로 표현못 할 꽉 막힌 심정이 들것입니다. 이런 꽉 막힌 심정이 뻥 뚫릴 때, 적어도 문제점이 무엇인지를 인지할 때 깨달음을 얻는 것입니다.

마치 크나큰 득도를 한 것 마냥 '깨달음'이란 단어를 사용했는데, 공부를 하다 보면 '득도'를 하는 것보다 자신의 문제점을 찾는 것이 더 어렵다고 생각합니다. 자신의 문제점이 무엇인지 인지를 한다면 분명히 그 해결 과정 또한 찾을 것입니다. 다만 자신의 문제점에 대해 고민하고 생각할 때 찾을 수 있다는 점을 이해하시길 바랍니다.

그렇다면 깨달음의 비용은 얼마일까요? 학원 수강료와 같을까요? 얼마라고 계산하기가 힘들지만 분명 학원 수강료 이상의 가치가 있을 것입니다. 지불한 수강료 이상의 가치를 찾은 기술사님이 있어 합격수기를 간략히 소개해 드리겠습니다. 이분은 학원을 꼭 다녀야 한다고 주장하시는 분입니다. 왜냐하면 학원 강의를 통해 합격의 깨달음을 얻었다고 생각하기 때문입니다. 독학으로 공부를 하면서 총 4차례의 시험을 보고 4번째에 합격을 하였습니다. 합격을 하기 전까지 치른 시험점수가 결코 낮은 점수는 아니었지만 몇 차례 고배를 마시니 답답한 마음과 무엇이 문제인지 알 수 없는 상황이었다고 합니다. 그러다가 모 학원의 인강을 듣고 깨달음을 얻었고 깨달음대로 학습하여 합격했다고 자신합니다. 이분의 경우 깨달음은 학습의 내용도 방법도 습관도 아닌 답안을 작성하는 요령이었다고 합니다. "진작 알았으면 더 빨리 합격할 수도 있었는데….."라고 말씀하시죠!

만약 이분 말씀대로 '진작 알아 1회 더 빨리 합격'을 했다면 적어도 400시간을 절약할 수 있습니다. 400시간을 여러분은 얼마에 바꿀 수 있겠습니까?

이 글을 읽으면서 분명 반박하는 분도 있을 것입니다. 이런 깨달음을 학원에서만 찾을 수 있는 것은 아니라고 말이죠. 그리고 출제문제 유형의 변화를 따라가지 못하고, 아직도 10년 전과 달라진 점 없는 교재와 학습내용으로 강의를 하고 있다는 불만을 토로하며 학원의 무용론을 펼치기도 합니다. 분명 귀 기울여 들을 내용이며 공감하는 내용입니다. 제가 2009년에 기술사를 취득했으니 글을 쓰는 현재 10년 정도가 흘렀는데요. 그때 저도 비슷한 생각을 한 적이 있었습니다. 2001년 기술사 채점과 출제방식이 크게 바뀌었는데 강의내용은 2001년 이전과 크게 달라진 점이 없다고 말이죠. 이렇게 학원에서 알려 주는 다양한 내용 중에 한 가지만 놓고 보면 큰 실망감을 가질 수 있습니다.

주변의 다양한 의견으로 학원에 다닐지 말지 혼란스럽다면 이렇게 생각하세요. 모든 학원이 똑같지는 않습니다. 모든 학원이 전혀 도움이 되지 않는다고 볼 수도 없습니다. 그리고 다양한 수강생의 요구를 100% 만족시킬 수도 없습니다. 선택은 스스로 하는 것입니다. 스스로 찾으셔야 합니다. 그리고 무엇을 찾을지도 고민해 보시길 바랍니다.

마치 학원을 찬양하는 글로 비칠까 걱정입니다. 단지 학원을 다녀야 할지 말아야 할지 고민하는 분들이나 학원을 다니는 분들이 놓치고 있는 점을 알려 드리고 수강료 이상의 가치를 찾기를 바라는 마음에 학원에 대한 개인적인 의견을 알려 드리는 것입니다.


## 학원은 언제부터 다녀야 좋을까?

저는 학원을 다닐지 말지를 놓고 수개월을 고민하시는 분을 보았습니다.

"다음 달 1일부터 기술사 공부하기로 했어요! 오늘이 마지막 술자리니깐 한동안 술자리에서 뵙기 힘들 겁니다."라고 호언장담하며 의기충만한 모습을 보였는데, 어느 날 공부는 잘되는지 물었더니 아직 본격적으로 시작하지 못했고 학원 선택으로 고민하고 있다는 말을 종종 들었습니다.

- 학원을 다니는 것이 옳은 것인지?
- 어느 학원을 다니는 것이 좋은지?
- 곧 다른 현장으로 발령 날 것 같은데 어떻게 해야 할지?
- 수강료가 너무 비싼데 저렴한 인강을 들어야 할지?
- 학원이 너무 멀어서 어떻게 해야 할지?

이런 고민으로 몇 개월을 고민할 필요가 있을지 하는 의문이 들긴 하지만 최소 1년의 시간을 기술사 공부에 매진해야 하는 상황에서 전혀 고민을 하지 않는다면 그것 또한 문제(?)일 것입니다. 다만 너무 지나친 고민으로 시간을 허비하는 상황을 스스로 만들지 말았으면 합니다.

그런 의미에서 학원을 다닌다면 언제부터 다니는 것이 좋은지 같이 고민해 보았으면 좋겠는데요. 이 부분도 각자 처한 입장에 따라 다양한 의견이 나올 것 같습니다.

너무 많은 상황이 나올 수 있을 것 같아 조건을 2가지 정도로 나누어 보겠습니다.

〈학원 등록 시점 매트릭스〉

첫 번째는 응시하고자 하는 종목이 본인의 업무와 연관성이 깊은지 여부입니다. 대부분은 본인의 업무와 직접적인 연관성이 있는 종목에 응시를 하겠지만 필요에 따라 건축에서 토목으로 시공에서 구조로 종목을 변경하여 응시하는 경우가 있을 것이며 사무, 행정 업무를 보다가 관련 기술사에 응시하는 경우도 있을 것입니다.

두 번째는 응시하는 기술사 시험에 관한 정보가 많이 있는지 여부입니다. 시험 정보라는 것은 기출문제 분석 자료나 서브노트, 답안 작성요령, 학원마다 제공하는 각종 노하우들입니다. 단지 정보만 많이 가지고 있는 것이 아니라 가지고 있는 정보를 활용할 수 있고 충분히 이해하고 있어야 합니다.

1, 3, 4분면과 같이 시험 정보나 업무 연관성이 낮다고 생각하는 경우는 공부 시작과 함께 바로 학원을 다니시는 것이 본인의 학습방향 설정에 빠른 도움을 줄 수 있습니다. 반면에 2사분면과 같이 시험 정보와 업무 연관성이 높은 경우는 오히려 1회 정도 시험에 응시해 보고 여러 부분에서 부족함을 느낄 때 학원을 등록하고 다니는 것이 더 효율적이지 않을까 생각합니다. 그리고 마지막으로 본인이 의지박약형(누군가의 도움 없이 공부 상태 유지 불가)이라고 생각하는 경우도 공부 시작과 함께 학원을 등록하는 것이 좋습니다. 어디까지나 제 생각입니다.

## 학원 다닐 여건이 되지 않는 경우?

해외 또는 지방 근무로 학원에 다닐 여건이 되지 않아서 고민을 하시는 분들이 있습니다. 공부를 어떻게 해야 할지도 모르는데 학원에 다닐 여건이 되지 않으니 막막한 심정은 충분히 공감이 갑니다.

"해외(지방)에 근무하고 있어 학원을 다니기 힘든데 학원 안 다니면 합격이 힘든가요?"

위의 질문은 카페의 게시글이나 댓글 등에 종종 올라오는 질문입니다. 해외에서 근무하고 있다면 물리적으로 어떻게 할 도리가 없기 때문에 자신이 처한 상황이 걱정되기도 하고, 비슷한 처지에 있는 분들이나 독학으로 합격하신 분들의 위로를 통해서 동기를 부여받기를 원하는 마음이 있을 것입니다. 지방에 근무하시는 경우는 수강료는 물론이고 학원을 다니는 데 소요되는 경비나 시간 등이 만만치 않아서 어떻게 해야 할지를 고민하는 사례인 것 같습니다. 그리고 막상 학원에 다녔는데 돈과 시간만 허비하고 조금도 도움이 되지 않을까 하는 걱정이 앞서 있을 수도 있습니다.

다음 그래프를 보면 전체 응시자 중 학원을 다닌 경우가 약 50% 정도이며 그중에서 약 10%가 합격을 하였습니다. 독학을 한 응시자도 생각보다 많이 있는데 전체의 37% 정도를 차지하며 합격률은 7%

정도입니다. 독학이 학원을 다닌 경우보다 합격률이 낮긴 하지만 우려할 만큼 큰 차이는 아니라고 생각합니다.

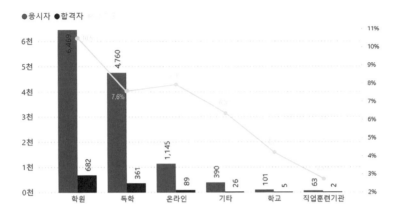

〈2015~2019 건축시공기술사 필기시험 시험준비경로/Q-net〉

그래서 학원 고민으로 망설이지 말았으면 합니다. 모든 여건이 다 갖추어지면 더할 나위 없이 좋겠지만 아니라고 해서 시험을 미루거나 포기하는 일은 없었으면 합니다. 기술사의 필요성을 느끼고 동기가 충만할 때 바로 시작하는 것이 더 중요합니다. 아무리 좋은 학원을 다니고 좋은 교재가 있다고 하더라도 '절박함'이 없다면 좋은 교재든 학원이든 무용지물이 되고 맙니다. 학원은 기술사 취득을 위한 다양한 수단 중 하나이며, 학원이 기술사 합격의 필요충분조건은 아니라는 말로 여건이 취약한 객지에서 근무하시는 분들께 응원을 전하고 싶습니다.

# 〈어떻게 공부할 것인가?〉

1. 마인드맵

   숲을 보는 방법

   1과목을 1페이지에

2. 서브노트

   나무를 보는 방법

   교재를 1/10로 줄이기

3. 반복학습

   단기기억 → 장기기억

   짧은 시간 내 반복

   저절로 암기(기억)하는 방법

4. 모의테스트

   Out Put 연습

   무엇을 아느냐? 무엇을 모르느냐?

5. 얼마나 공부해야 할까?

   누적학습량

■

'어떻게'를 아는 사람은 늘 일자리를 얻을 것이
고, '왜'를 아는 사람은 그 사람의 우두머리가 될
것이다.

- 다이앤 라비치

왜
(WHY)

# 선순환의 시작점

## Why를 마지막에 쓰는 또 다른 이유

저는 기술사를 준비하는 분들에게 제일 중요한 단계가 'Why' 단계라 생각합니다. 그 이유는 앞으로 설명해 드릴 것입니다. 그래서 순서가 맞지 않더라도 주인공처럼 마지막에 등장하는 것이 적절할 것이라 생각했습니다. 그런데 마지막에 등장하는 또 다른 이유가 있습니다. 그 이유는 'Why' 단계를 읽으며 마음이 불편한 독자가 있을 수 있다는 점 때문입니다.

저는 책을 출간하기 전 기술사를 준비하는 몇몇 지인에게 미리 책을 읽어 보고 느낀 점을 물어보았습니다. 그중 몇 분이 'Why' 단계에서 내심 불편한 마음이 있음을 느꼈습니다. 그래서 책을 끝까지 읽기도 전에 덮어버릴까 걱정되는 마음에 앞에서 뒤쪽으로 배치하였습니다.

'Why'는 마음에 관한 이야기입니다. 그래서 혹시라도 글을 읽으며 불편한 마음을 느끼지 않을까 걱정이 되기도 합니다. 다만 'Why' 단계에서 많은 사람들이 흔히 겪는 증상과 이런 증상으로 인해 오히려 많은 시간을 허비할 수 있음에 초점을 맞추어 읽어 보시길 바랍니다.

## 선순환의 시작점

'Why'는 이유, 원인, 목적, 의도 등을 묻는 의문부사입니다. 그리고 '동기'를 의미하기도 합니다. "내가 도대체 왜 이걸 하고 있지?"를 다른 문장으로 바꾸면 "내가 도대체 이걸 하는 이유가 뭐지?"와 "내가 도대체 이걸 하는 목적이 뭐지?"로 바꾸어도 문장을 이해를 하는 데 아무런 손색이 없습니다.

그런데 마음속에서 "내가 도대체 왜 이걸 하고 있지?"라는 마음으로 그 일을 얼마나 오랫동안 유지할 수 있을까 하는 의문이 듭니다. 적어도 내가 하는 행위의 이유나 목적을 알아야 쉽게 움직이고 오래 유지할 수 있다는 것은 누구나 잘 아는 사실입니다.

이런 점에서 'Why'가 선순환의 시작점인 것입니다.

학창시절 선생님과 부모님으로부터 귀에 딱지가 앉을 정도로 들어오던 말이 있습니다. 공부를 잘하려면 '예습복습'을 해야 한다고 말씀하시는데 그 말씀이 잔소리처럼 들린 경험은 누구나 있을 것입니다. 잔소리까지는 아니더라도 적어도 피부에 와닿는 말씀은 아니었던 것으로 기억됩니다.

이렇게 '예습복습'이 잔소리로 들렸던 이유는 '왜 공부를 해야 하는지?' 몰랐기 때문입니다. 공부를 해야 하는 이유도 모르고 공부를 잘해야겠다는 목표도 없는데 '예습복습'이라는 학습방법(How)이 귀에 들어올 리 만무합니다.

선순환 과정 = Why → What → How

적어도 '예습복습'이라는 학습방법을 따라 하기 위해서는 제일 먼저 공부를 하고 싶은 마음이 들어야 합니다. 왜 공부를 해야 하는지 느꼈을 때 비로소 공부를 잘하고 싶은 마음이 들고, 공부를 잘할 수 있는 방법을 찾게 되는 것입니다. 단순하지만 이런 절차가 '선순환'이라는 것입니다.

# 기술사 취득에
# 무슨 이유가 필요해?

## 기술사를 취득하려는 이유?

이 책을 읽고 계신 분이라면 기술사를 취득하려는 마음(이유)이 어느 정도 있으며, 단지 어떻게 공부해야 할지 알아보기 위해 책을 구매했을 것입니다.

만약 여러분이 "왜 기술사를 따려고 하는지?"에 대한 이유가 있다면 다행히 여러분은 선순환의 시작점에 서 있는 것입니다.

그런데 말입니다. 마음과 달리 공부가 손에 잡히지 않는다면 본인이 왜 기술사를 따려고 하는지 그 이유를 다시 생각해 보시기 바랍니다.

## 진단하기

- '공부해야 되는데….'라고 생각만 한다.
- '아직 여유가 있다.' 또는 '이미 늦었다.'고 생각한다.
- 주변의 유혹(술자리, 취미 등)을 거절하지 못한다.
- '오늘 아니면 내일' 미루는 습관이 있다.
- 피곤함을 느끼고 책상에 앉지 못한다.
- 책상에 앉았지만 집중하지 못한다.

아무리 좋은 자료를 가지고 있다고 하더라도 책상 앞에 앉지 못하면 말짱 도루묵입니다. 공부를 하기 위해서는 책상 앞에 앉아야 되는데 책상 앞에 앉기까지가 쉬운 일이 아닙니다. 거실의 TV 소리나 가족의 웃음소리는 책상이 아닌 거실로 유혹하는 대표적인 핑곗거리입니다.

회사에는 술자리를 가질 수많은 이유들이 있고 때로는 업무 스트레스를 한 방에 날려 버릴 취미생활이 나를 유혹합니다. 나를 유혹하는 많은 일들은 나에게 엔도르핀이라는 물질로 위로와 쾌락을 안겨 주지만 공부는 오히려 스트레스를 주고 있습니다. 책상 앞에 앉아야지 생각하면 피곤함이 몰려오지만 거실 소파에 누워 TV를 보면 피로가 풀리는 듯합니다.

이런 유혹을 뿌리치고 책상 앞에 앉았다고 하더라도 PC와 스마트폰이 나를 유혹해 옵니다. 공부를 위해 검색창을 열었다가 뉴스를 본다거나 쇼핑몰을 보고 있음을 느끼지만 '오늘까지만 보고 내일부터 열심히 해야지!'라고 생각하며 인터넷 창을 닫지 못합니다.

사실 위와 같은 증상은 시험에 합격하는 순간까지 수시로 겪는 증상들입니다. 그렇지만 'What'이나 'How'에서 느끼는 증상들 보다 큰 자괴감을 들게 하고, 몇 차례 반복하여 겪다 보면 '기술사를 취득하기 위한 이유'가 어떻든 간에 시험을 포기하게 만드는 무엇보다도 강력한 저항들입니다.


## 작심삼일

흔히 '작심삼일'이라고 해서 마음먹고 삼 일이 지나면 흐지부지해지는 현상은 그 마음이 단단하지 않기 때문입니다. 마음이 흐물흐물하기 때문에 주변 환경에 신경 쓰고 본인에게 주는 즐거움을 뿌리치지 못하는 것입니다.

그런데 마음을 단단하게 한다는 것이 말처럼 쉬운 일이 아닙니다. 저는 년 초에 계획을 세우고 며칠 가지 못하고 흐지부지된 계획들이 있습니다. 아마 계획을 세우고 실천을 한 것보다 포기한 것이 더 많을 것입니다. 만약 많은 사람들이 계획한 대로 실천을 했다면 '작심삼일'이라는 말이 생겨나지 않았을 것입니다. 그만큼 계획을 세우고 실천을 한다는 것은 어려운 일입니다.

그렇지만 적어도 기술사 시험만큼은 '작심삼일'이 되어서는 안 될 것입니다. 그러기 위해서는 여러분이 기술사를 취득하려는 이유를 다시 한번 생각해 보아야 합니다. 적어도 제가 처음 기술사 시험을 도전했을 때와 비슷한 이유가 아니길 바랍니다.

# 흔해빠진 기술사 합격수기

## 기구미의 기술사 합격수기

저는 주변에서 얼마 만에 시험에 합격했는지 물어보면 1차(필기) 시험은 한번 떨어지고, 2차(면접)도 한번 떨어져 모두 두 번째 합격해 1년 정도 걸렸다고 말합니다. 모두 첫 번째로 합격한 건 아니지만 나름 빨리 합격했다고 생각합니다. 그렇지만 처음 기술사 시험을 취득하기 위한 마음을 가진 시점부터 최종합격까지는 상당한 시간이 소요되었습니다. 개인적인 이유지만 제가 왜 기술사 합격에 상당한 시간이 소요되었는지를 저의 기술사 도전기를 통해서 알려 드리고자 합니다. 그리고 제가 겪은 기술사 도전기와 지금 기술사 시험을 준비하는 많은 예비기술사들이 겪고 있는 상황과 일맥상통하는 부분이 있을 것이라 생각합니다. 전혀 감동적이지 않은 기술사 도전기이지만 "왜 기술사를 따려고 하는지?" 이유를 적절히 설명드리고자 저의 합격수기를 이야기하겠습니다.

### 첫 번째 도전

제가 20대 때 직장 선배가 기술사에 합격했는데 괜히 멋있어 보였습니다. IMF라는 어려운 시절을 견디며 기술사에 합격하신 거라 더욱 그렇게 생각한 것 같습니다. 그래서 제가 응시 자격이 되었을 무렵(2003년쯤) 그 선배님을 찾아가 기술사 시험에 필요한 여러 자료들을 받았습니다. 아마 쇼핑백 1개 정도의 엄청난 자료를 받았는데 자료를 받고 집으로 돌아오는 길이 그렇게 기분이 좋았습니다. 마치 지금 당장 기술사에 합격한 것 같은 기분이었는데 막상 집에서 자료를 하나하나 끄집어내다 보니 막연함이 엄습했습니다.

'어디서부터 시작해야 할까?'

분명 어떻게 공부하라고 조언도 들었는데 도무지 엄두가 나지 않았습니다. 책장 한구석에 선배님께 받은 자료를 꽂아 두고 시간만 흘러갔고, 그저 기술사가 멋있어 보인다는 이유만으로 저의 마음을 단단하게 해줄 수 없었던 것 같습니다. '나는 아직 어리고 아직 시간이 많으니 좀 더 준비하고 하자!'라며 마음의 위안을 삼았습니다. 이런 아주 사소한 저항이 나의 첫 번째 기술사 도전을 쉽게 꺾어 버렸습니다.

가끔 '기술사 공부를 해야 되는데'라고 생각만 하고 실천하지 못하며 지냈습니다. 그저 회사생활이 바빠서 기술사 공부를 하지 못한다는 핑계로 스스로 위안을 삼고 있었습니다. 이렇게 몇 년이 지날 무렵 현장에서 본사로 발령을 받아 퇴근 이후 조금의 여유가 생겼습니다. 하루는 책장을 정리하다가 구석에 꽂혀 있는 선배님이 주신 기술사 자료를 보고 다시 기술사에 도전하였습니다. 앞뒤 생각할 것 없이 학원에 달려가 수강료를 지불하고 수업을 들었는데, 1~2회 수강을 했을 때쯤 회사업무가 바빠졌고 1주일에 1번 있는 수업도 겨우 들을 수 있는 상황이었습니다. 학원 숙제도 제대로 하지 못하고 그냥 수업만 들었던 것 같습니다.

'왜 내가 뭔가 하려고 하면 야근이 많아질까?'

헬스장에서 운동이라도 하려고 3개월 치 목돈 내고 끊으면 없던 야근이 생기고, 회식자리가 많아지고, 출장도 가야 되고…. 그래서 포기하게 되는 이런 경험 모두가 있을 것입니다.

두 번째 도전도 학원만 다니다 포기한 '시작이 절반인 도전'이 되었습니다. 이번에는 바쁘다는 핑계로 스스로 부끄러움을 가리고 있었습니다.

2007년 겨울 BTL 사업을 위한 합사에서 짧게 근무를 한 적이 있습니다. 합사에서 설계사무소 소장님, VE 용역 업체 사장님, 신공법 업체 사장님 등등 많은 분들과 인사를 나누는데 명함에 저마다 건축사, 시공기술사, 건설사업관리사(CMr) 등 뭔가 타이틀이 하나씩 적혀 있었습니다.

이런 분들과 합사에서 회의를 할 때 종종 저의 의견이 무시당할 때가 있었습니다. 여러 가지 이유를 대며 저의 의견을 묵살해 버리곤 했는데 자존심에 상처를 받기도 했습니다. 그런데 다른 분의 말도 되지 않는 의견은 그냥 받아들여지는 것 같았습니다. 이러다 보니 점점 의견을 제시하는 횟수는 줄어들었고 마음 한구석이 주눅이 들었습니다. 사실 그분들이 일부러 제 의견을 무시하지 않았을 것입니다. 그분들은 본인의 업무를 충실히 하였을 뿐인데 그냥 저 스스로 그렇게 느낀 것 같습니다.

합사를 마치고 회사로 돌아와 다시 기술사 공부를 시작했습니다. 내년에 또 이런 합사에서 근무를 할지도 모른다는 생각이 들었습니다. 아무것도 아닌 것으로 제 자신을 부끄럽게 만들지 말자는 생각도 들었습니다. 다시 기술사 공부를 시작하며 이전 두 번의 도전과는 다른 이유가 생겼고 조금의 '절박함'도 생겼습니다.

이유는 분명했습니다. 다음 BTL 합사에 가면 나도 명함에 '건축시공기술사'를 새기고 저들과 어깨를 나란히 하리라! 지금 생각해 보면 조금 유치해 보이지만 이유가 분명하고 절박함까지 생기니 그때서야 공부를 어떻게 할 것인가 차근차근 생각하게 되고 하나하나 실천하게 되었습니다.

수많은 자료에서 무엇부터 볼 것인지 계획을 잡고 선배가 준 자료 중 버릴 건 버리고 취할 건 취했습니다. 학원에서 나눠준 장판지(마인드맵)를 흉내 내고 서브노트 만들기를 반복했고 준비가 부족해도 시험에 응시하였습니다. 회식은 되도록 불참했고 야근을 줄이기 위해 근무시간에 집중했습니다.

이유가 분명하고 절박함이 생기면 자욱한 안개가 조금씩 걷히고 전에 보지 못한 길이 보입니다. 스스로 공부를 방해하는 요소들을 털어내고 책상에 앉아 있는 시간도 길어졌습니다. 책상에 앉기 위해 생긴 저항들이 하나둘씩 사라짐을 느끼게 되고 마음도 편안하게 되었습니다. 어느 순간 머릿속에는 가족들에 대한 미안함과 회식에 불참해서 드는 불안감들이 깨끗이 사라지게 되었습니다.

'가족들과 함께해서 얻는 행복과 친구들과 마시는 술 한 잔의 기쁨을 1년만 참으면 평생 동안 할 수 있다. 그러나 지금 포기하면 가족들과 함께하는 시간이나 친구들과 술자리에서 평생 기술사를 생각하며 살아야 할지도 모른다.'고 생각했습니다.

세 번째 도전기에서 다시 마음을 먹고 기술사를 취득하는데 1년의 시간이 소요되었습니다. 그렇지만 처음 기술사를 취득하고자 마음 먹고 기술사를 취득하는 시간을 계산해 보면 약 6년에 가까운 시간이 소요되었습니다. 이런 점을 좀 더 빨리 깨우쳤다면 아마도 많은 시간을 단축했을지도 모릅니다.

〈WHY 단계에 소요되는 시간〉

저뿐만 아니라 'Why' 단계에서 많은 시간을 허비한 분들이 적지 않을 것으로 생각됩니다.

저는 시행착오를 거치며 기술사 합격을 위한 중요한 깨달음 두 가지를 합격 후에 알게 되었습니다. 그 두 가지는 이유가 분명해야 하고, 절박함이 있어야 한다는 점입니다.

# 절박한 심정으로 도전하라

## 이유(Why)에는 절박함이 있어야 한다

기술사를 따려는 이유는 사람마다 다를 것입니다.

어떤 사람은 단장이 되기 위해서 어떤 사람은 연봉을 더 받기 위해서, 새로운 사업을 하기 위해서 아니면 저처럼 자존심이 상해서, 기술사가 멋있어 보여서 등등.

다음 그래프를 보면 건축시공기술사 응시자 중에서는 업무수행능력향상이나 자기계발 등이 응시목적 중 다수를 차지하고 있으며 승진이나 수당, 이직과 같은 이유도 있습니다. 다른 종목의 기술사라고 해서 크게 달라지진 않을 것 같습니다.

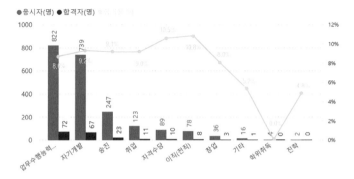

〈2015~2019년 건축시공기술사 필기시험 응시목적/Q-net〉

　　그런데 중요한 점은 이유가 어떻든 간에 그 이유에는 반드시 '절박함'이 있어야 한다는 것입니다. '절박함'이 있으면 기술사 공부를 하는 데 방해가 되는 수많은 '저항'들을 하나둘씩 제거할 수 있습니다. '절박함'은 자신을 책상 앞에 앉히고 그동안 해 보지도 않은 학습법을 자신의 평소 습관처럼 자연스럽게 받아들일 마음가짐을 줄 것입니다. '절박함'은 엉덩이와 의자가 물아일체가 되게 도와줄 것입니다. '절박함'은 수차례의 좌절에서 스스로를 일으켜 세울 것입니다. 그리고 자신이 절박함을 가지고 있다면 굳이 말을 하지 않더라도 가족이나 직장동료가 먼저 알게 될 것입니다. 오히려 옆에서 기술사 합격을 위해 많은 도움을 줄 수도 있을 것입니다.

　　여러분도 기술사를 취득하려는 나름의 이유가 있을 것입니다. 그리고 그 이유에는 '절박함'이 존재하고 있는지도 고민해 보아야 합니다. 그런데 '절박함'을 느끼고 있는지를 알기도 쉽지 않지만 '절박함'을 불어넣어야 하는 것도 쉬운 일은 아닙니다. 그래서 본인이 생각하는 기술사를 취득하려는 이유에 '절박함'이 포함되었는지 체크를 해 보는 것도 좋은 방법입니다.

기술사를 취득하려는 이유 ⊃ 절박함

## 절박함은 현재진행형

당신은 지금 물에 빠져 허우적거리고 있습니다. 물을 연거푸 마시며 숨 막히는 고통 속에서 지푸라기라도 잡는 심정으로 뭐라도 잡으려고 할 것입니다. 지금 당장 말입니다. 그렇지 않으면 몇 분 후에 죽기 때문입니다. 오로지 살기 위한 몸부림을 칠 것입니다. '절박함'이란 이런 것입니다.

예비기술사 A 씨는 현재 다니는 직장을 그만두고 좀 더 비전이 있는 회사로 이직을 고민하고 있습니다. 그래서 이직을 위해 여러 가지 고민을 하다 보니 기술사가 있으면 좀 더 좋은 회사로 이직을 할 수 있을 것이라 생각하고 기술사 시험을 준비하기로 마음먹었습니다. '기술사만 취득하면 좀 더 좋은 회사에 취직할 수 있으니 열심히 하자!'라는 마음을 갖고 기술사를 준비하며 여러 군데 이력서도 제출하였습니다. 그러던 중 본인이 꿈에 그리던 회사로 이직을 하게 되었습니다. 만약에 여러분이 A 씨와 같은 상황에 놓여 있다면 이직을 위해 준비하던 기술사 공부를 계속 유지할 수 있을까요? 오로지 좋은 직장을 위해 준비하던 기술사였는데 이미 좋은 직장에 취직하였으니 이직하기 전과는 분명 다른 마음일 것입니다.

본인이 생각하는 이유에는 시간이 흘러도 '지금 당장 절실히 필요'하다고 느끼는 '절박함'이 있어야 합니다. '절박함'은 그 순간이 지나면 더 이상 '절박함'이 아닙니다. 그래서 지금 당장 자신을 움직이고 기술사를 취득하는 그날까지 변하지 않는 절박한 이유인지 고민해보셔야 합니다.

이직을 위해 기술사를 준비하는 것이 잘못된 이유라고 설명드리는 것은 아닙니다. 이직을 위해 기술사에 도전했다는 많은 예비기술사들이 있습니다. 그리고 얼마나 절박한 심정으로 공부를 하고 기술사를 취득했는지도 잘 알고 있습니다. 다만 이런 절박함이 시간이 지나면서 본인 스스로 또는 주변 상황에 따라 그 크기가 달라질 수 있음을 설명드리기 위한 예시임을 이해하셨으면 좋겠습니다.

## 절박함은 나의 것

절박함은 타인이 아닌 자신의 것이어야 합니다.

다시 제가 처음 기술사 취득하려는 이유를 살펴보겠습니다.
'기술사가 멋있어 보여서'라는 이유에 절박함이 묻어 있나요?
여기에서 멋있는 기술사는 자신이 아닌 다른 사람입니다. 절박함은 다른 사람의 이야기가 아닌 본인의 것이어야 스스로를 움직일 수 있습니다.


## 절박함에는 핑계가 없어야 한다

흔히 우리는 '안 되는 사람은 핑계부터 찾는다.'고 합니다. 목표를 정하면 될 궁리를 해야 하는데 시도조차 하기 전에 문제점과 부정적인 이유를 대곤 합니다. 물론 '돌다리도 두들겨 보며 건너라.'는 속담처럼 매사에 조심하는 것이 나쁜 것은 아닙니다.

그렇지만 내가 잡은 목표가 주변 상황의 변화로 쉽게 무너진다면 어떻게 해야 할까요? 본인이 기술사를 취득하는 이유를 정했을 때 반문해 보아야 합니다.

핑계가 통하지 않는 이유인가?

'회사에서 기술사 취득을 강요해서' 기술사 공부를 한다면 회사에서 더 이상 기술사 취득을 강요하지 않는다고 한다면 '기술사를 포기할 것인가?'

아니면 '시간적인 여유가 되어서'처럼 갑자기 야근이 생기고 집에 일이라도 생기면 '기술사를 포기할 것인가?'

이처럼 이유가 본인이 아닌 주변의 환경에 영향을 받을 수 있는 이유인지도 생각해 보아야 합니다. 이런 이유는 스스로에게 핑계를 만들어 주기 쉬운 이유이기 때문입니다.

예전에 어떤 강의에서 발표 중이던 대학생이 저와 다른 수강자들에게 질문을 던졌습니다.

"만약에 본인이 대학생이라면 방학 때 무엇을 하겠습니까?"

저는 "여행"이라고 말했고 옆에서는 "야구" 등 취미와 운동에 관한 답변들이 나왔습니다.

그런데 질문한 학생이 이렇게 말하더군요.

"실제로 아무것도 안 한다."

많은 대학생들이 방학 기간 동안 게임이나 하고 늦잠을 자다가 방학이 끝날 무렵 잠시 후회를 하고 만다는 것입니다. 저도 경험이 있는 일이기에 공감이 가는 말이었습니다. 학기 중에 수업을 듣고 많은 과제를 하면서 시간의 여유가 생기면 여행과 취미생활을 꿈꾸었는데 막상 방학이 되니 대부분이 아무것도 하지 않는다는 것입니다.

많은 사람들이 '시간이 부족해서'라는 핑계를 가장 많이 댑니다. 그렇지만 시험에 합격한 분들을 보면 없는 시간을 쪼개어 공부를 하고 정말 바쁜 날에는 10~20분이라도 책을 보았다고 합니다. 오히려 시간이 많을수록 마음에 여유가 생겨 집중이 안 되고 공부가 힘들다고 합니다.

이렇듯 본인이 기술사를 따려는 이유를 역으로 생각해 보고 '이건 아니야.'라고 생각이 든다면 과감하게 바꾸어야 합니다. 이런 이유들은 본인 자신이 아닌 외부환경에 중점을 두고 생각한 것으로 그 환경이 바뀌면 쉽게 수긍하고 포기하기 딱 좋은 핑계일 뿐입니다.

## 지금의 나만 생각하기

'내게 그런 핑계 대지 마 입장 바꿔 생각을 해 봐 니가 지금 나라면 넌 웃을 수 있니?' 김건모의 '핑계'라는 노래의 가사 일부분입니다. '연인이 떠난' 심정의 노래이지만 가사를 자신에게 질문해 본다면 웃을 수 없는 절박함이 느껴질 것 같습니다.

노래 가사처럼 절박함에는 온전히 '지금의 나'만 존재해야 합니다. '지금의 나'만 생각하고 이유를 만들어 보면 어떨까요?

〈절박한 이유 만들기〉

기술사가 멋있어 보여서 → 내가 초라해 보여서

단장이 되기 위해서 → 보조를 벗어나기 위해서

연봉(수당)을 위해서 → 내 연봉으로는 생활이 힘들어서

자기계발을 위해서 → 전문지식이 부족해서

(핑계) 시간이 없어서 → 시간, 돈, 명예 모두 없어서

## 절박함이 희망

그동안 생각도 해 보지 않은 절박한 심정까지 만들어 가며 공부를 하도록 강요한 저는 너무 나쁜 사람입니다. 그런데 잘 생각해 보면 시험을 준비하는 기간 동안 힘들지 않은 사람이 누가 있을까요? 한두 차례 낙방을 맛보면 정말이지 하늘이 무너져 내리는 듯한 기분이 들것입니다. 깊은 한숨을 뒤로하고 다시 책과 씨름을 해야 하는 암울한 상황과 이제 더 이상 가족이나 직장동료들을 볼 면목도 없을 것입니다. 어느 순간 '절박함'은 이런 '절망감을 벗어나는 것'으로 바뀌기도 합니다. 그동안 본인의 '절박함'이 무엇이든 간에 이렇게 힘든 나날을 되도록이면 빨리 탈출하고픈 심정이 간절해집니다. 그건 합격만이 가져다줄 수 있습니다. 그것이 희망이라면 작은 희망일 것입니다.

저는 합격자 발표일 ARS 전화기로 들려오는 합격 소식을 듣는 순간 너무 기뻐 어쩔 줄 몰랐습니다. 제가 목표하던 바가 이루어져서 기뻤을까요? 아닙니다. 더 이상 기술사 공부를 하지 않아도 된다는 생각에 기뻤습니다. 다른 합격자들은 어떤 생각이 들었는지 모르겠지만 저는 그랬습니다. 다음 날 아침 Q-net에 들어가 시험성적을 확인하고 '진짜 합격을 했구나!'라는 안도감이 들면서 뭔지 모를 희망도 보였습니다. 회사로 출근하는 길에 전화가 왔습니다. 어떻게 알았는지 축하 메시지를 주는 동료들이 있었습니다. 그리고 "야! 기술사 공부하느라 회식도 자주 빠졌었냐?"는 고참의 한마디에 그동안 무거웠던 마음도 사그라졌습니다.

이것뿐일까요? 기술사에 합격하고 좋은 점이 "기술 관련 서적을 보면 이제서야 조금씩 이해가 된다."고 말씀하시던 고참과 좀 더 좋은 직장으로 옮긴 분, 명함에 기술사를 새긴 분, 단장 자격이 되신 분, 새로 사업을 시작하시는 분 등 본인의 '절박함'이 알고 보면 간절히 원했던 희망이었다는 점이죠.

## 기술사를 2개 이상 가진 분을 존경합니다

기술사에 합격한 사람들 중에는 이런 생각을 해 본 적이 있을 것입니다. 기술사에 합격하면 본인이 준비하는 기술사와 유사한 다른 기술사를 하나 더 따겠다고…. 예를 들면 건축시공기술사를 취득하신 분이 토목시공기술사를 취득한다거나 안전기술사를 취득하려고 하는 거 말입니다.

그런데 합격 후 바로 다른 시험에 응시하는 사람은 극히 드뭅니다. 다른 종류의 시험이라고 하더라도 기술사에 합격했다면 무엇을 어떻게 공부할지 잘 알고 있고 이전에 본 시험과 유사한 시험이라 공부하는 데도 어렵지 않을 텐데 생각만 하고 포기하는 이유가 무엇일까요?

포기라기보다는 응시조차 하지 않는 경우가 더 많습니다.

이유는 한 가지입니다.

'절박함'이 사라졌기 때문입니다. 이미 목표하던 기술사를 취득했기 때문에 예전과 같은 절박함이 생기지 않는 것입니다. 이미 마음에는 기술사 1개 더 따도 그만 안 따도 그만이기 때문입니다. 가족들과의 행복한 시간과 친구들과의 즐거운 만남을 뿌리치고 스스로를 책상 앞에 앉혀놓을 원동력이 사라졌기 때문이죠. '절박함'이 사라지면 다시 책상에 앉아 있는 것조차 힘들어집니다.

그래서 기술사를 2개 이상 도전하고 취득하신 분들이 정말 존경스러울 따름입니다.

## 절박함은 에너지

아마 기술사에 합격한 분 중에는 특별한 이유와 절박함을 생각할 겨를 없이 열공하여 합격한 분들도 있을 것입니다. 아니면 절박함이 있었지만 잊고 계신 분도 있을 것입니다.

절박함은 사람마다 다르게 느껴질 수 있습니다. 다른 사람에게는 사소하게 느껴지는 것이 나에게는 큰 부분일 수 있고 그 반대일 수도 있습니다. 때로는 절박함이 없다가 생기기도 하고 생겼다가 없어지기도 합니다.

사람마다 절박함의 크기를 측정하기에는 어려움이 있지만 절박함은 기술사에 합격하는 날까지 포기하지 않고 유지시켜 주는 원동력 (에너지)임은 분명합니다. 그리고 저는 여기서 한 가지 자신 있게 말할 수 있습니다. 기술사 취득을 위한 분명한 이유와 그 이유에 '절박함'이 묻어 있다면 당신은 1년을 걸려 취득할 기술사 시험을 6개월 만에 합격할 수 있다는 점을요.

# 나이와 합격의 상관관계

## 기술사 취득에 적정한 시기?

공부는 평생 하는 거라고 말하지만 적절한 시기가 있다고 생각합니다. 개인마다 다르겠지만 '한 살이라도 젊을 때 하는 것이 좋다.'는 말에 이견은 없을 것으로 보입니다.

가끔 카페의 글들 중에 기술사 응시 자격은 되지만 나이가 어려서 핸디캡으로 작용할지 궁금해하는 분들을 보았습니다. 저도 이 부분이 궁금해서 통계청 자료를 바탕으로 과연 나이가 합격률에 어떤 영향을 미치는지 상관관계를 살펴보았습니다.

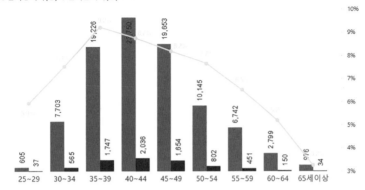

●필기응시자(명) ●필기합격자(명)

〈2014~2018년 기술사 필기시험 연령대별 합격률/통계청〉

위 그래프는 최근 5년간 기술사 연령대별 합격률을 나타낸 그래프입니다. 필기시험의 경우 35~39세에서 가장 높은 합격률을 보이며 나이가 많아질수록 합격률이 조금씩 줄어듭니다. 반면에 실기시험은 나이가 많을수록 조금씩 상승하고 있음을 알 수 있습니다.

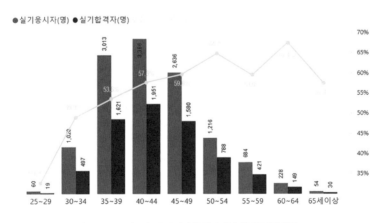

●실기응시자(명) ●실기합격자(명)

〈2014~2018년 기술사 실기시험 연령대별 합격률/통계청〉

단지 합격률로만 판단한다면 필기시험은 젊을수록 실기시험은 나이가 많을수록 유리하다는 결론을 내릴 수 있습니다.

조금은 이해가 되는 수치이기도 합니다. 필기시험의 경우는 30대 후반이 이론(암기력)과 경험이 적절히 조화를 이루고, 실기시험의 경우 경험과 소통에서 나이가 많을수록 젊은 응시자보다 강점이 있다고 보입니다.

〈2014~2018년 기술사 연령대별 합격 인원/통계청〉

위 그래프는 최근 5년간 합격자의 인원을 필기와 실기로 구분하여 비율로 나타낸 그래프입니다. 합격자는 40대, 30대, 50대 순으로 가장 많습니다. 그런데 두 그래프를 자세히 보시면 연령대별로 필기시험 합격자 수와 실기시험 합격자 수가 거의 비슷하다는 것을 알 수 있습니다. 이런 수치는 다른 종목도 비슷한 양상을 보이고 있습니다.

종합해 보면 필기시험과 실기시험의 합격률로 판단한다면 연령별 '유·불리'가 조금은 작용하지만 합격률의 차이가 시험을 포기해야 할 만큼 영향이 크지 않다고 판단되며, 응시자가 많은 연령대에서 많은 합격자가 나오고 필기시험과 실기시험의 합격자 수는 응시인 원수에 더 큰 영향을 받습니다. 결국에는 최종합격에 이르기까지 나이가 시험에 미치는 영향은 미비하다는 생각이 듭니다.


## 나이의 핸디캡

제가 처음 기술사 시험에 도전하기로 마음을 먹고도 흐지부지됐던 이유가 '나는 아직 어리니깐 여유가 있어!'라는 마음가짐이라 생각합니다. 이후 다시 기술사 공부를 시작해야겠다고 생각했을 때까지 수년의 시간이 흐른 뒤였습니다. 만약 이런 마음 없이 그때 기술사 시험에 응시했다면 몇 년은 더 일찍 기술사에 합격을 할 수 있었을 것입니다.

결국 나이로 인한 핸디캡은 연령대별 합격률이 아니라 나이를 생각하며 기술사 도전에 대한 동기를 꺾어 버리는 것입니다.

"나는 아직 어리니깐 여유가 있어!"

"나이가 어려서 불리하지 않을까?"

"이젠 공부를 하기엔 너무 늦었어!"


나이는 숫자에 불과합니다. 지금 이 순간 기술사 취득을 결심했다면 나이는 잊어버리시기 바랍니다.

# 기술사 1년 이상 끌지 마라!

**내년에 합격할게요!**

누구나 시험에 빨리 합격하고 싶지 일부러 늦게 합격하고 싶은 사람이 있을까요?

'기술사 공부를 1년 이상 끌지 마라!'라는 말은 위와 같은 경우를 말씀드리는 것은 아닙니다. 가끔 기술사를 준비한다는 후배님들이 이런 계획을 세웁니다.

"기술사 공부를 하고 있는데 내년쯤 합격을 목표로 공부하고 있어요!"라고 말합니다. 그러면서 "올해는 자료수집이나 준비를 차근차근하고 내년에 본격적으로 공부할 겁니다."

많은 생각이 들게 하는 말입니다. 본인이 그렇게 계획을 세운 데는 특별한 이유가 있을 것입니다. 이렇게 여유로운 계획을 세우고 공부하는 예비기술사는 내년에 합격을 전제로 계획을 수립하였습니다. 진짜 열심히 하면 내년에 꼭! 합격할 것이라고 생각(착각)하는 것 같습니다. 시험에 응시하는 많은 예비기술사 중에는 올해 합격을 목표로 공부하였지만 다음 해에 합격하는 경우도 많이 있습니다. 그리고 수년간 합격하지 못한 예비기술사도 있습니다. 그래서 혹시 여러분 중에 이런 생각으로 기술사를 준비하고 있다면 저는 이렇게 말하고 싶습니다.

"기술사 1년 이상 끌지 마라."

누구나 최대한 빨리 기술사를 취득하기 위해 공부를 하지만 1년 안에 기술사를 취득하는 것은 쉽지 않습니다. 그런데 내년을 목표로 한다고 하니 저로서는 의아한 생각이 듭니다. 기술사를 취득하기로 결심을 했으면 최대한 빨리 따기 위한 마음을 가지셔야 합니다. 물론 1~2년(한두 해) 준비로 기술사를 취득하기 힘든 종목들이 있다는 것은 저도 잘 알고 있습니다. 이런 종목에 응시하는 예비기술사님도 당장 기술사를 취득할 것처럼 마음을 가지고 준비를 하셔야 하며 아닌 경우도 더더욱 빨리 시험에 응시하도록 준비하셔야 합니다.

미래엔 우리에게 어떤 일이 벌어질지 아무도 모릅니다. 갑작스러운 발령으로 현재와 다른 근무환경에서 근무해야 할지도 모릅니다. 가족 중 누군가의 건강상 문제로 퇴근 후에는 간호에 신경을 써야 할지도 모르며, 자녀의 육아에 더욱 집중해야 할지도 모릅니다. 이런 환경의 변화는 기술사 취득을 미루거나 포기하는 좋은 핑곗거리가 되기 쉽습니다. 그리고 앞서 말씀드린 '절박함'도 시간과 상황에 따라 변할 수 있다는 점을 아셔야 합니다. '절박함'을 잃지 않도록 너무 장기적인 계획을 수립하는 것은 어떤 이유이든 간에 좋은 방법은 아닌 것 같습니다.

## 공부를 오래 한다고 합격률이 높아질까?

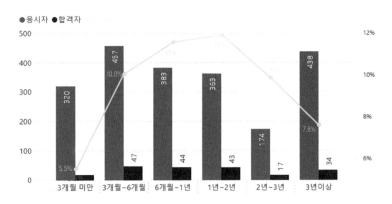

〈2015~2019년 건축시공기술사 시험준비 기간별 필기 합격률/Q-net〉

위 그래프를 유심히 보면 조금 당황스러운 결과를 읽을 수 있습니다. 일반적으로 공부를 오랜 기간 동안 하면 합격률이 높아질 것이라 생각 드는데 2년이 지난 후에는 오히려 합격률이 낮아진다는 결과입니다.

3개월~2년까지는 합격률이 11% 내외를 유지하지만 2년 이상인 경우는 9%대로 3년 이상인 경우는 7%대로 떨어짐을 알 수 있습니다. 이런 현상이 발생하는 이유를 나름 분석을 하고 싶지만 제가 가진 정보가 여기까지가 전부입니다. 다만 오랜 기간 동안 기술사를 포기하지 않고 시험에 응시하여 합격하신 분들의 열정이 대단하다는 생각이 듭니다. 아마도 시험을 준비하면서 공부에 집중할 수 없는 많은 상황을 겪었을 것이라는 점과 합격이 늦어진 데는 또 다른 많은 이유가 있을 것입니다.

응시인원을 살펴보면 3~6개월을 준비하고 응시하는 인원이 급격히 늘어나다가 점점 줄어듭니다. 당연히 합격자는 제외되니 응시인원은 줄어들 것입니다. 그런데 2~3년 차가 되면 급격히 줄어듦을 알 수 있습니다. 370명의 응시자 중 40명이 합격하고 나머지 330명은 다음 시험에 응시해야 되는데 125명이 빠진 인원이 응시를 하였습니다. 통계자료로만 봤을 때 이 시점에서 많은 응시자가 시험을 포기를 하지 않았을까 하는 생각이 듭니다. 자격 취득이 장기화되면서 가장 힘든 시점으로 해석이 되는 기간이기도 합니다.

여러분 중에는 이제 막 기술사 준비를 시작하는 분도 있고 1년 이상 또는 2~3년간 공부를 하고 있는 분도 있으리라 생각합니다. 각자 얼마 동안 공부했던 위 그래프가 시사하는 바가 크다고 생각합니다. 6개월을 공부하나 2년을 공부하나 시험장에 들어서면 모두가 똑같다는 것입니다. 오랜 기간을 공부했다고 더 유리하거나 짧은 기간 공부를 해서 불리하지 않다는 것입니다.

그래서 공부를 하겠다고 결심을 했다면 최대한 빨리 자격을 취득할 수 있는 전략을 구상하셔야 하고, 자격 취득이 점점 장기화된다면 본인의 학습법을 다시 한번 점검해 보아야 합니다. 앞서 설명드린 학습방법에서 빠트린 것은 없는지 살펴보시고 이제 다시 시작이라는 마음으로 몇 개월을 준비하시면 다음 시험에는 좋은 결과를 얻으실 수 있을 것입니다.

## 〈왜 기술사를 취득하려고 하는가?〉

1. 이유에는 절박함이 있어야 한다.

2. 절박함은 현재진행형

3. 절박함은 나의 것

4. 절박함은 핑계가 없어야 한다.

5. 지금의 나만 생각하기

6. 절박함이 희망

7. 절박함은 에너지

스스로를 신뢰하라. 당신은 자신이 생각하는 것보
다 더 많이 알고 있다.

-벤자민 스폭

시험
(PASS)

# 채점자가 좋아하는
# 답안지 작성방법

## 답안 채점방식

기출문제 분석부터 모의테스트까지 어떻게 공부하고 준비해야 할지에 대한 설명은 결국 시험 당일 합격할 수 있는 답안을 작성하기 위함입니다. 답안 작성은 응시자에게는 가장 중요하고 어려운 부분이기도 합니다. 물론 저에게도 이 부분에 대한 설명이 가장 어려운 부분이기도 합니다. 왜냐하면 저는 한 번도 채점을 해 본 적이 없기 때문입니다. 결격사유가 없다면 어느 정도 수준의 답안지가 합격을 하는지 알 수 없기 때문입니다.

기술사 시험은 객관식 문제도 아니고 단답형 주관식 문제도 아닙니다. 1문제에 2~3페이지를 채워야 하는 서술형 문제로 채점자마다 점수가 다를 수 있습니다. 그래서 기술사 시험은 한 교시의 3명의 채점위원이 채점을 하게 되고 각각의 점수는 총점 1,200점으로 산정됩니다. 이런 채점방식은 최대한 공정하고 객관적인 평가를 위해서인 것 같습니다.

4교시 * 3명 * 100점 = 1,200점

1,200점에서 60%, 즉 720점 이상이면 합격이고 미만이면 불합격입니다. 719점으로 낙방을 하는 경우도 있으니 얼마나 억울할까요? 그런데 채점자의 말을 빌려 말씀드리면 720점과 719점의 답안지가 하늘과 땅 차이라고 하니 더 이상 할 말이 없습니다.

그리고 채점에 소요되는 시간은 페이지당 수초에 불과하다고 하니 한 페이지의 답안을 작성하기 위해 8~9분 정도 소요된 것에 비하면 평가에 소요되는 시간이 너무 짧지 않냐는 생각이 들기도 합니다. 그런데 그 짧은 시간에 몇 점인지 알 수 있다(눈에 보인다)고 합니다.

종합해 보면 이렇습니다. 나의 답안지를 평가하는 12명의 채점자가 수초 만에 보고 만족할만한 답안지를 작성해야지 합격할 수 있다는 결론입니다.

그래서 답안지 작성방법에 대한 요점을 설명드리고 시간 배분과 필기구의 선택 등에 대해 경험담 형식으로 알려 드리겠습니다.


## 답안 작성 적정 페이지 수

답안지는 총 7매(14면)로 구성되어 있는데 14페이지를 모두 채워야 하는 것인지 궁금해하는 수험생이 많이 있습니다. 답안 작성 '적정 페이지 수'에 관한 부분은 오래전부터 갑론을박이 있었습니다. 어떤 분은 14페이지를 꾹꾹 눌러 적어 합격했다는 분도 계시고 10페이지만 적었는데도 합격했다고 하시는 분도 계십니다. 어떤 학원에서는 최소 13페이지를 써야 합격한다고 알려 줘서 13페이지를 어떻게 작성할지 고민하는 분도 찾아볼 수 있었습니다. 제가 다니던 학원에서는 최소 12페이지 이상을 작성해야 한다고 알려주었는데 최근에 같은 학원을 다니는 지인에게 물어보니 10페이지 이상 작성하라고 알려 줬다고 하니 강사님마다 적정 페이지 수에 대한 기준이 달라서 발생하는 해프닝인 것 같습니다. 그래서 얼마만큼 답안을 작성해야 합격인지에 대해 더 이상 고민하지 말았으면 좋겠습니다.

저는 여기서 '14페이지가 합격이고 11페이지는 불합격이다.'를 말씀드리기보다 본인이 100분 동안 작성할 수 있는 페이지 수와 각각의 문제마다 작성해야 할 적정 페이지 수에 대해 설명드리겠습니다. 다만 최소기준은 10페이지 이상입니다.

작성 페이지 수를 계산을 해 보겠습니다.

교시 당 시험시간은 100분입니다. 여기서 답안지를 10페이지를 작성한다고 가정하면 페이지당 10분이 소요될 것입니다. 그런데 시험 문제를 받고 문제를 읽어 보고 어떤 문제를 선택해서 작성할지 고민을 하다 보면 2~3분 정도는 소요될 것입니다. 그렇다면 사실 페이지당 10분 이내로 작성을 해야지 10페이지를 채울 수 있습니다.

만약 12페이지를 작성하기 위해서는 1페이지당 약 8분 이내에 작성을 하여야 하고 총 시간은 96분 정도가 소요되니 12페이지를 작성하는 것이 쉬운 일은 아닙니다. 더욱이 나머지 4분 이내에 답할 문제를 선정하고 끝나기 전 시험지 작성에 문제가 없는지 다시 확인하여야 합니다. 물론 사람마다 글 쓰는 속도가 다릅니다. 어떤 응시자는 13페이지를 적었다고 하니 페이지당 7~8분 이내에 작성을 한 것입니다.

준비와 검토시간에 5분 정도 소요된다고 가정하면 답안 작성시간이 95분 정도로 페이지당 작성시간은 아래와 같습니다.

| 구 분 | 10page | 11page | 12page | 13page |
|---|---|---|---|---|
| 작성시간/p | 9분 30초 | 8분 40초 | 7분 55초 | 7분 20초 |

〈페이지당 작성시간〉

모의테스트를 통해 여러 번 답안지를 작성해 보면 100분간 작성할 수 있는 페이지 수를 알 수 있습니다. 100분간 작성 가능한 총 페이지 수가 나오면 1문제당 작성할 페이지 수를 결정하여 답안 작성량도 적절히 조정하여야 합니다.

| 구 분 | 10page | 11page | 12page | 13page |
|---|---|---|---|---|
| 용어(10문제) | 10·1p* | 8·1p<br>2·1.5p | 6·1p<br>4·1.5p | 4·1p<br>6·1.5p |
| 서술(4문제) | 4·2.5p | 2·2.5p<br>2·3p | 4·3p | 2·3p<br>2·3.5p |

〈1문제당 작성할 페이지 수〉

이렇게 페이지 수를 정하는 이유는 문제당 답안 작성을 어느 정도 균일하게 작성하기 위해서입니다. 예를 들어 서술형(2~4교시)의 경우 본인이 10페이지를 작성하겠다고 생각한다면 1문제당 2.5페이지씩 균일하게 작성하는 것이 좋습니다.

조금 극단적으로 설명을 드리면 본인이 자신 있는 문제는 4페이지 이상 적고 잘 모르는 문제는 2페이지 이하로 작성하거나, 1~3번까지 3페이지씩 작성하다가 마지막 문제에서 시간이 없어 1~1.5페이지를 작성하면 좋은 점수를 기대하기 힘들 것입니다. 그래서 100분

..........................................

\*     산식 = 문항 * 페이지 수(p)

동안 작성할 수 있는 최대 페이지 수보다 1페이지 정도 작게 계획을 잡고 작성하는 것이 위와 같은 실수를 줄일 수 있습니다.


## 채점자가 원하는 답안은?

답안 작성은 출제자의 질문에 본인이 알고 있는 것을 답하는 것입니다. 단순히 '당신이 물어본 것에 대해 나는 이것을 알고 있다.'라는 개념이 아닙니다. 내가 알고 있고 이해하는 부분을 출제자에게 설명하고 설득을 한다고 생각하며 답안을 작성하는 것입니다. 실제로 1차 시험(필기)의 경우에는 2차 시험(면접)과 달리 답안을 작성 후 그 답안에 대해 '왜 그렇게 생각하는지?' 또는 '왜 그렇게 알고 있는지?' 물어보지 않습니다. 그렇다고 해서 아무런 형식 없이 알고 있는 것을 마음대로 작성해도 좋다는 것은 더욱이 잘못된 생각입니다. 시험 이후 별도의 추가적인 질문이 없더라도 마치 '당신이 이 부분을 다시 물어볼 줄 알았다.'라는 생각으로 출제 문제의 요지(핵심)에 대한 답을 하는 것입니다.

좀 더 쉽게 설명드리면 PT 발표 자료를 만든다고 생각하고 답안을 작성하면 좋을 것입니다. PT 자료를 만들기 위해 수많은 자료를 수집하지만 실제로는 핵심키워드만으로 요약을 합니다. 그리고 발표 자료의 신뢰성을 높이기 위해 각종 그래프나 이미지를 활용하여 적절한 위치에 배치를 합니다. 저는 기술사의 답안구성이 PT 발표 자료와 크게 차이가 없다고 생각합니다. 설명을 위해 너무 많은 글을 적는다는 것은 채점자가 그 내용을 하나하나 읽어야 하다는 부담을 줄 수 있고 작성자가 핵심키워드를 모르고 있다는 인상을 줄 수 있습니다. 결코 좋은 점수를 받기 힘든 답안 작성법입니다. 답안은 말하고자 하는 키워드와 키워드를 뒷받침해 줄 근거(그래프, 이미지, 순서도, 공식 등)를 적절히 배치하여 답안에 신뢰성을 담아야 합니다. 그리고 이런 키워드를 서론, 본론, 결론의 순으로 나열을 하는 것입니다.

PT 자료는 강연, 연설, 보고, 제안 등을 위해 많이 활용을 하고 있습니다. 이 중에서 강연과 연설의 경우 청중은 발표자가 전달하는 내용에 대한 지식이 전혀 없을 수도 있습니다. 그래서 청중의 이해를 위해 작성하는 경우죠. 설령 근거 자료에 오류가 있다고 하더라도 금방 눈치채기가 쉽지 않습니다. 그런데 보고나 제안의 경우 청중이 발표자보다 주제에 대해 더 많은 지식을 가지고 있는 경우가 많습니다. 청중은 발표자의 PT 내용을 듣지 않고 읽어 보는 것만으로도 발표자가 무슨 말을 하고자 하는지 쉽게 이해할 것입니다. 그리고 잘 짜인 PT 내용인지? 본인이 원하는 발표 자료인지? 평가할 것입니다. 이런 점을 고려한다면 12명의 채점위원이 어떻게 짧은 시간에 채점을 할 수 있는지 이해가 가는 부분이기도 합니다. 채점자가 청중이라 생각하며 PT 자료를 만든다는 생각으로 답안을 작성한다면 답안을 어떻게 작성해야 할지 쉽게 이해가 가리라 생각이 듭니다.

## 서술형보다는 키워드 위주로

서술형보다 키워드 위주로 답안을 작성한다는 것은 문제에 대해 충분히 이해하고 있어야 가능합니다. 답을 하고자 하는 내용을 이해하지 못하면 오히려 글이 길어질 수밖에 없습니다. 그래서 처음 마인드맵이나 서브노트를 작성하다 보면 최대한 요약을 한다고 하더라도 수많은 텍스트가 존재합니다. 그런데 서브노트를 수차례 반복하면서 공부하다 보면 이전보다 훨씬 가벼워진 서브노트를 작성할 수 있습니다.

답안을 작성할 때도 마찬가지입니다. 앞서 설명드렸지만 답안에 텍스트로만 이루어져 있거나 서술형으로 작성을 하면 답안지가 한눈에 들어오지 않습니다. 그래서 최대한 줄이고 줄이셔야 합니다. 우리가 일반적으로 글을 적을 때 사용하는 조사나 기타 불필요한 텍스트는 지우고 전달하고자 하는 키워드만 남겨 두어야 합니다.

모두가 잘 알고 있으리라 생각이 들지만 기술사 공부를 이제 막 시작하는 분들은 특히 주의하셔야 합니다. 이렇게 당부를 드리는 이유는 제가 운영하는 기구미 블로그를 참조하여 공부하는 분들이 계시는데 답안구성을 저의 블로그처럼 작성해야 한다고 오해하시는 분들을 몇 분 만나 봤기 때문입니다.

제가 블로그를 시작하며 처음 기술사 관련 자료를 공유할 때 몇 가지 고민이 있었습니다. 그중에서 하나가 제가 올린 기술사 관련 글의 대상이 누구인가입니다. 너무 키워드 위주로 작성을 하다 보면 처음 공부하는 분들은 다소 어렵다고 생각할 것이고 너무 풀어서 작성하다 보면 오히려 정리하는 데 어려움이 있을 거라 생각을 했습니다. 그래서 중간 정도의 수준으로 글을 올렸습니다. 제가 참조한 글을 최대한 줄여 설명하지만 이해가 필요한 부분은 수식이나 조사 등을 남겨 두었습니다. 그런데 저의 블로그를 참조하는 분들 중에 답안을 블로그처럼 적어야 한다고 생각했다는 경우가 있어 깜짝 놀랐습니다.

이 책을 통해 다시 말씀드립니다. 뜻만 통하면 텍스트는 줄이고 줄이는 게 좋습니다.

## 시각화하기

답안을 작성할 때 적절한 이미지를 활용하면 답안구성을 알차게 작성할 수 있는 장점도 있지만 단순히 글로만 표현할 때보다 더 간결하고 다양한 내용을 전달할 수 있습니다. 그림은 이해를 쉽게 하고 도표와 그래프는 정보의 신뢰도를 한층 끌어올려 줄 것입니다. 순서도는 전후 상관관계를 알게 하고 계통도는 복잡한 시스템을 단순화하여 보다 풍부한 정보를 채점자에게 전달할 수 있습니다.

이미지를 활용할 때는 되도록이면 단순화하는 것이 중요합니다. 그림이 복잡하면 보기에도 힘들지만 작성하는 데 많은 시간이 소요될 수 있습니다. 많은 분들이 그림을 그리면 글을 쓰는 것보다 시간이 더욱 단축될 것으로 생각하지만 실제로 그림을 그려 보면 여백을 글로 채우는 시간이나 이미지로 채우는 시간이 큰 차이가 없음을 알 수 있습니다. 그리는데 더 많은 시간이 소요되는 이미지는 단순화하는 노력을 기울이셔야 합니다.

그리고 이미지가 좋다고 너무 남용하는 것에 유의하셔야 합니다. 어느 정도 활용해야 남용이라고 말씀드리기 힘들지만 채점자가 보기에 '그림책이네.'라는 인식이 들어서는 곤란할 것입니다. 어쩔 수 없이 1페이지에 여러 개의 이미지가 들어갈 때는 그림과 그래프, 표 등 서로 다른 이미지를 적절히 사용할 수 있도록 해야 합니다.


## 관련(연관) 키워드로 내용을 풍부하게

시험문제를 받고 답안을 작성할 문제를 고르다 보면 '답안을 작성할 수 있을까?' 하는 의문이 드는 문제가 있습니다. 용어문제도 마찬가지고 서술형 문제도 마찬가지입니다. 10점짜리 용어문제는 1페이지만 작성하면 되지만 겨우 '정의' 정도만 아는 정도이며, 서술형의 경우 약 3페이지 정도를 채워야 하는데 머릿속에서 답안이 금방 떠오르지 않을 때가 있습니다. 금방 떠오르지 않는다기보다는 몇 줄 적고 나니 도무지 적을 내용이 없다는 것이 정확한 표현일 것 같습니다.

이런 경우를 대비해서 관련(연관) 키워드를 활용하면 오히려 좀 더 풍부한 답안을 작성할 수 있습니다. 일반적으로 묻는 말에만 답을 하려고 하니 그만큼 쓸 내용도 부족한 것입니다. 특히 서브노트만으로 공부한 경우 이런 경험이 더 많을 것입니다. 여기서 마인드맵의 중요성이 한 번 더 강조가 되는데요. 마인드맵과 같이 공부한 경우는 질문의 핵심키워드와 다른 키워드 간의 연관성을 쉽게 파악할 수 있어 답안을 더욱 풍부하고 깊이 있게 작성할 수 있습니다.

〈답안구성 3요소와 역할〉

다음 페이지의 4가지 답안은 텍스트와 이미지, 표를 활용하여 답안을 구성해 보았습니다. 무엇이 정답이다 말씀드릴 수 없지만 시각적인 요소를 적절히 활용하면 내용 전달이 효과적임은 분명합니다. 4가지 답안을 보며 직접 채점자가 되어 보시길 바랍니다.

문제는 누구나 이해할 수 있는 문제로 선정하였습니다.

| 문제) 발코니, 베란다, 테라스의 차이점에 대해 설명하시오. | | |
|---|---|---|
| 1. 개요 | | |
| | | ① 외국의 주택공간 중 하나로 내부와 외부 공간을 연결하는 공간을 말한다. |
| | | ② 차이점은 형성공간의 개방성과 위치에 따라 다르다. |
| 2. 용어설명 | | |
| | | ① 발코니 : 주거공간에서 밖으로 돌출시켜 만든 공간 |
| | | ② 베란다 : 위층의 주거 공간이 아래층 보다 면적이 작을 경우 생기는 공간 |
| | | ③ 테라스 : 주거공간에서 바로 통하는 정원처럼 만들어진 공간 |
| 3. 차이점과 공통점 | | |
| | | ① 차이점 : 형성공간의 개방성과 바닥위치 |
| | | ② 공통점 : 내외부 공간의 연결, 휴식공간으로 활용 |
| 4. 공간의 활용 | | |
| | | ① 발코니 : 식물을 키우거나 휴식과 전망을 위한 공간 창고 또는 주방의 보조공간으로 활용 확장형이 늘어나면서 발코니가 사라짐 |
| | | ② 베란다 : 고급빌라의 휴식공간으로 활용 벽체와 지붕을 설치한 주거공간으로 확장 |
| | | ③ 테라스 : 완전히 개방된 공간 주로 1층에 만들어짐 |

〈텍스트와 서술형으로 이루어진 답안〉

| 문제) 발코니, 베란다, 테라스의 차이점에 대해 설명하시오. ||||
|---|---|---|---|
| 1. 개요 ||||
| | | | ① 외국의 주택공간 중 하나, 내·외부 연결 공간 |
| | | | ② 차이점은 형성공간의 개방성과 위치 |
| 2. 용어설명 ||||
| | | | ① 발코니 : 주거공간에서 밖으로 돌출된 공간 |
| | | | ② 베란다 : 위층의 주거 공간이 작을 경우 발생 |
| | | | ③ 테라스 : 주거공간에서 바로 통하는 공간 |
| | | | |
| 3. 차이점과 공통점 ||||
| | | | ① 차이점 : 형성공간의 개방성과 바닥위치 |
| | | | ② 공통점 : 내외부 공간의 연결, 휴식공간 활용 |
| 4. 공간의 활용 ||||
| | | | ① 발코니 : 식물 재배, 휴식 및 전망 |
| | | | 창고 또는 주방 보조공간 |
| | | | 발코니 확장(주거공간 활용) |
| | | | ② 베란다 : 식물 재배, 휴식 및 전망 |
| | | | 주거공간활용(불법 건축물) |
| | | | ③ 테라스 : 완전 개방 공간, 주로 1층 |

〈이미지 활용 답안〉

| 문제) 발코니, 베란다, 테라스의 차이점에 대해 설명하시오. | | |
|---|---|---|
| 1. 개요 | | |
| | | ① 외국의 주택공간 중 하나, 내·외부 연결 공간 |
| | | ② 차이점은 형성공간의 개방성과 위치 |
| 2. 용어설명 | | |
| | | ① 발코니 : 주거공간에서 밖으로 돌출된 공간 |
| | | ② 베란다 : 위층의 주거 공간이 작을 경우 발생 |
| | | ③ 테라스 : 주거공간에서 바로 통하는 공간 |

3. 차이점과 공통점

| 구분 | 위치 | 개방성 | 공통점 |
|---|---|---|---|
| 발코니 | 외부로 돌출 | 중간 | 내외부 공간 연결 |
| 베란다 | 하층의 지붕 | 중간 | 휴식 및 전망 |
| 테라스 | 주로 1층 | 높음 | 식물 재배 |

4. 공간의 활용

① 발코니 : 식물 재배, 휴식 및 전망

창고 또는 주방 보조공간

발코니 확장(주거공간 활용)

② 베란다 : 식물 재배, 휴식 및 전망

〈이미지와 표 활용 답안〉

문제) 발코니, 베란다, 테라스의 차이점에 대해 설명하시오.

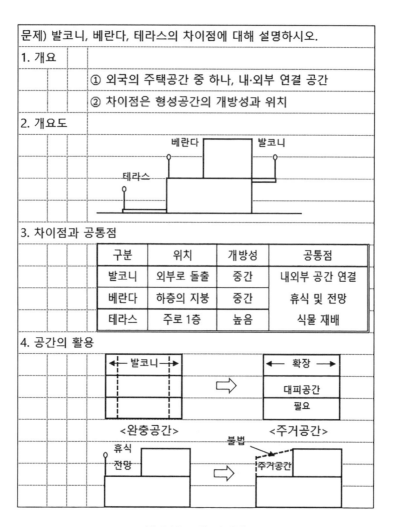

## 1. 개요

① 외국의 주택공간 중 하나, 내·외부 연결 공간

② 차이점은 형성공간의 개방성과 위치

## 2. 개요도

베란다    발코니

테라스

## 3. 차이점과 공통점

| 구분 | 위치 | 개방성 | 공통점 |
|---|---|---|---|
| 발코니 | 외부로 돌출 | 중간 | 내외부 공간 연결 |
| 베란다 | 하층의 지붕 | 중간 | 휴식 및 전망 |
| 테라스 | 주로 1층 | 높음 | 식물 재배 |

## 4. 공간의 활용

| ←  발코니  → |  | ←  확장  → |
|---|---|---|
|  |  | 대피공간 |
|  |  | 필요 |

<완충공간>    <주거공간>

휴식
전망

불법

주거공간

〈이미지와 표 위주의 답안〉

# 답안지 작성 유의사항

    답안지 작성 시 유의사항은 시험 당일 받으시는 답안지 첫 페이지에서 확인할 수 있으며 Q-net 게시판에서도 찾아볼 수 있습니다. 내용은 조금씩 바뀔 수 있으니 시험 전에 Q-net에서 확인해 보시길 바랍니다.

    유의사항은 반드시 숙지하고 연습을 통해 불필요한 실수를 하지 않도록 하여야겠습니다. 모두가 중요한 사항이지만 이 중 몇 가지만 살펴보겠습니다.

- 필기구: 검은색 필기구만 사용 (연필·유색 0점 처리)
- 답안정정: 두 줄(＝) 긋고 다시 기재, 수정테이프(액) 금지
- 특수표시: 특수표시, 특정인 암시 금지
- 자: 직선 자[*], 곡선 자, 템플릿[**] 등 사용 가능
- 답안 작성 끝 표시: "끝"이라 쓰고 두 줄 띄어쓰기
- 최종답안: 다음 줄에 "이하 빈칸" 표기

..................................

[*]    직선 자의 크기는 15~20cm가 적정.

[**]    일명 빵빵이 자, 학원 등에서 판매 또는 제공, 레이저 가공 가능.

## 필기구 선택

응시자가 가장 흔히 사용하는 필기구가 볼펜인데 필기구 선택에서 고려사항을 몇 가지 알아보겠습니다.

〈필기구 선택에서 고려사항〉

1. 장시간(400분) 필기의 피로감
2. 글자 크기
3. 필기 속도
4. 답안지 오염 정도

평소 공부할 때 하루 평균 3~4시간 정도 필기구를 사용해야 하고 특히 시험장에서는 400분 동안 쉴 새 없이 답안 작성을 해야 하기 때문에 손에 무리가 없고 피로감이 적은 필기구를 선택하는 것이 좋습니다. 일반적으로 응시자가 가장 많이 사용하는 필기구가 볼펜인데 되도록이면 자루가 굵은 것이 장시간 사용에 피로감을 줄일 수 있습니다. 펜의 자루가 가늘수록 손에 힘이 들어가기 때문인데요.

흔히 사용하는 연필 정도의 굵기는 가는 축에 속하며 연필보다는 굵고 고무 패드가 있는 것이라면 적당한 굵기입니다. 필기 습관에 따라 다르겠지만 오랜 시간 공부를 하다 보면 중지에 굳은살이 생길 정도이니 필기구 선택은 시험 칠 때뿐만 아니라 평소 연습을 위해서라도 중요합니다.

　글자 크기는 시험지 줄 간격의 70~80% 정도의 크기로 작성하는 것이 적당하며 그러기 위해서는 볼펜 촉의 굵기는 1.0㎜ 이상의 펜 촉을 선택하는 것이 좋습니다. 펜촉이 굵을수록 필기감이 좋고 부드럽게 써집니다. 그리고 볼펜을 생산하는 회사마다 같은 굵기라도 지면에서 볼이 굴러가는 정도가 달라 필기 속도에도 영향이 있으니 볼펜을 구매하기 전에 빈 용지에 필기를 해 보고 구매하기를 권장합니다. 제일 좋은 방법은 이것저것 써 보고 제일 마음에 드는 제품을 사용하면 되겠죠.

　마지막으로 잉크 찌꺼기(볼펜 똥)가 발생하여 답안지를 오염시키는 경우가 발생하는데 특히 자를 사용하는 경우 자에 묻은 잉크가 시험지에 묻기도 하고 시험지에 묻어 있는 잉크 찌꺼기를 문질러 오염시키기도 합니다. 되도록이면 잉크 찌꺼기 생기지 않는 볼펜이 좋으며 경우에 따라서는 잉크 찌꺼기를 닦아 낼 수 있도록 시험장의 책상에 화장지를 붙여 두는 것도 좋은 방법입니다.

시험에 합격할 때쯤이면 볼펜 1~2다스 정도를 사용하게 되는데 열흘에 1자루 정도 쓴다고 보면 되고 평생 쓸 볼펜의 절반 이상을 기술사 시험을 준비하며 쓴다고 해도 과언이 아닐 것입니다. 필기시험은 답안 작성으로 당락을 결정하기 때문에 필기구 선택에도 세심한 고려가 필요하다는 점 명심하시기 바랍니다.

## 글씨체

가끔 카페에 올라오는 내용 중에 악필로 고민하는 분들을 종종 볼 수 있습니다. 얼마만큼 글이 못나야 악필이라 할 수 있을까요? 본인이 쓴 글을 얼마 후 자신이 알아보지 못한다면 악필이 분명합니다. 본인이 알아볼 수 없으니 다른 사람은 더욱 알아보기 힘들겠죠. 그래서 답안지 작성에 자신이 없어 고민인 경우가 많은데 너무 걱정을 안 해도 될 것 같습니다. 본인이 악필이라 생각하시는 분들은 글을 쓸 때 마음이 너무 급해서 모든 글을 흘림체로 쓰는 것과 손에 힘을 많이 주는 것이 특징입니다. 이 점만 유의해서 수개월 이상 펜촉이 굵은 펜으로 글을 쓰다 보면 악필은 어느 정도 고쳐진다고 봅니다. 그렇지만 사람 욕심이라는 게 본인보다 더 예쁜 글씨체로 작성한 답안이 더 좋은 점수를 받을까 봐 염려하시는 분도 계십니다. 이런 논리로만 접근한다면 기술사 합격자가 모두 '한석봉'이라는 말이 되는데 주변 기술사님들을 보면 '한석봉'은 아닌 것 같습니다. 오히려 문제의 요지에 맞는 답안 작성과 구성의 짜임새가 글씨체보다 중요하지 않을까 생각합니다. 물론 글씨체가 좋으면 금상첨화이지만 종종 올라오는 합격수기를 보면 본인의 글씨는 악필에 속한다고 말하는 합격자도 많이 있습니다.

그럼에도 악필이 도저히 고쳐지지 않거나 좀 더 예쁜 글씨체를 가지고 싶다면 펜글씨 교본을 구매해서 틈틈이 연습을 하는 것도 좋은 방법입니다. 펜글씨 교본 중에서도 필기 속도를 고려한다면 고시체를 추천합니다. 고시체의 특징은 수평의 획을 우상향으로 쓰는 것이 특징인데 인터넷 검색을 통해서도 확인할 수 있습니다. 필체 교정은 짧은 시간으로 고쳐지는 것은 아닙니다. 천천히 쓸 때는 고쳐진 것 같지만 답안 작성을 빨리하다 보면 연습한 글씨체가 나오지 않고 예전 글씨체가 그대로 나오는 경우가 있는데 그래도 악필만큼은 벗어날 수 있고 손의 피로감도 줄일 수 있습니다.

악필이어서 기술사 공부를 망설이고 있다면 그런 걱정은 붙들어 매셨으면 좋겠네요.

# 실수만 줄여도 면접은 합격!

## 한번 뱉은 말은 주워 담을 수 없다

한번 뱉은 말은 주워 담을 수 없습니다. 그래서 신중에 신중을 기하여 말을 해야 합니다. 잘못 뱉은 말은 마치 테이블에 엎질러진 물처럼 주변을 적시며 자신이 살 수 있는 가장 낮은 곳까지 흘러내립니다.

저의 첫 면접시험이 그랬습니다.

면접시험을 보기 1시간 전 미리 준비한 우황청심환을 먹고 대기실에 앉아 초조하게 시험시간을 기다리고 있었습니다. 이름이 호명되고 시험장에 들어서며 인사를 했습니다. 자리에 앉으라는 제스처에 자리에 앉았을 때 몇 가지 간단한 질문을 하였습니다. 질문이라기보다는 확인 정도였던 거로 기억이 됩니다. '네.', '아니요.' 정도로 대답할 수 있는 질문이었습니다. 이후 본격적으로 질문을 하셨는데….

"CM의 활성화 방안에 대해서 말해 보세요."

당시 CM은 건설 관련 뉴스에 자주 등장하는 이슈 중에 하나였습니다. 확실히 모르지만 신문지상에 올라온 기사 내용을 더듬어 대답을 했습니다.

"CM이 활성화되지 못하는 이유는 법률적 제도가 미비하고 홍보 부족으로 인한 발주자 인식 부족 및 공공기관의 추진 의지가 부족하며…."

대답이 끝나기 전에 "왜 공공기관의 의지가 부족하다고 생각하나요?"라며 다시 질문을 하더군요. 이후로는 대답이 끝날 때마다 점점 파고드는 질문이 이어졌습니다. 뒷목은 점점 더 뻣뻣해지고 등줄기에서 식은땀이 흘러내리는 게 느껴졌습니다. 저도 제가 무슨 말을 하는지 모르겠고 귀에서는 웅웅 하는 소리가 들렸습니다. 몇 가지 질문 중에는 면접관 본인의 질문에 대한 답을 저에게 설명해 주시더군요. 중간중간에 "횡설수설하네.", "이 친구 개념이 없네."라며 야단도 치셨습니다.

시험을 마치고 나오면서 '시험 중에 이럴 수도 있구나!'라는 생각이 들더군요. 시험이 아니라 마치 고문을 당한 기분이었습니다. 진짜 고문은 아는 것을 말하지 않아야 하지만 면접시험의 고문은 모르는데 아는 척 말해야 하는 그런 고문이었습니다. 학원이나 합격수기에서 알려준, 그리고 상상했던 시험과는 너무나 달랐습니다.


## 실수만 하지 말자

혹시나 하는 마음에 결과를 확인했지만 역시나 떨어졌습니다. 다음 시험까지 약 6개월 동안 부족한 공부를 보완하며 면접시험을 잘 보는 방법에 대해 알아보았습니다. 면접시험을 치르던 당시를 떠올리며 불합격의 가장 큰 원인이 무엇인가도 고민해 보았습니다. 평소 면접시험이나 대화에 익숙하지 않은 저로서는 면접을 잘 보는 방법을 실천하기가 어려웠습니다. 결국에는 잘하기보다는 같은 실수를 반복하지 말자는 결론을 내렸습니다.

- 질문을 끝까지 듣기
- 질문을 다시 물어보기
- 결론부터 말하기

　　대부분 시험을 치를 때 면접관의 질문을 끝까지 듣습니다. 그리고 대답을 하죠. 그런데 면접관이 질문을 하면 머릿속에 무엇을 답할지 생각을 하게 되죠. 자연스러운 반응입니다. 이외에도 본인의 답변에 대한 면접관의 반응에 신경이 쓰이는 경우가 있습니다. 이런 현상들이 질문에 집중을 하지 못하게 하는 원인이 되기도 합니다. 그래서 가끔 질문이 끝이 났는지도 모르고 대답을 하는 경우도 발생합니다.

　　이런 실수를 방지하기 위해서 대답을 하기 전에 "답변드리겠습니다.", "네~", "○○○에 대해 말씀드리면" 정도로 면접관에게 답변을 시작하겠다는 신호를 보내고 답을 하는 것이 좋습니다.

　　질문에 집중하지 못하면 질문의 요지를 놓치거나 무엇을 물었는지 모를 때가 발생합니다. 때로는 두 개 이상의 질문을 한 번에 하는 경우에는 처음이나 두 번째 질문을 놓치기도 합니다. 이렇게 질문을 다시 확인해야 하는 경우가 발생하면 스스럼없이 다시 물어보는 것이 좋습니다.

　　"○○○○과 △△△ 2가지를 질문하신 게 맞습니까?"
　　"답변하다 보니 마지막 질문이 생각이 나지 않는데요."
　　"제가 너무 긴장한 나머지 질문을 놓쳤습니다. 다시 부탁드립니다."

서론 → 본론 → 결론, 기 → 승 → 전 → 결, 원인 → 대책, 문제점 → 해결방안 순으로 결론을 마지막에 도출하는 방법은 글쓰기나 필기시험에 효과적인 방법입니다. 그런데 대화를 하거나 보고를 하거나 대답을 할 때는 결론부터 말하는 게 더 효과적입니다.

저의 첫 면접시험에서 면접관은 'CM의 활성화 방안'에 대해 질문을 하였습니다. 그런데 저는 활성화가 되지 못하는 '문제점(원인)'에 대해서 먼저 대답을 시작했습니다. 문제점을 먼저 설명하고 방안(대책)에 대해 설명하려 했겠죠. 그런데 어떻게 보면 엉뚱한 답을 하고 있는 것입니다. 문제점으로 시작한 답변은 '공공기관 의지 부족'이라는 새로운 문제로 파고드는 원인을 제공했죠. 답변을 끝내지도 못했는데 말입니다.

만약에 그때 "활성화 방안은 ○○○○, ㅁㅁㅁ, △△△로 크게 3가지로 생각할 수 있습니다."라고 대답을 했다면 이후 나올 수 있는 질문은 "왜 그렇게 생각하나요?"로 이어졌을 것입니다. 그러면 자연스럽게 대화를 이어 나갈 수 있었겠죠.

저는 면접시험을 위해 예상문제와 예상답안을 필기시험용 서브노트를 참고하였습니다. 그러다 보니 필기시험에 적합한 예상답안을 만들어 공부를 한 것입니다. 잘못된 방법입니다. 예상답안을 작성하신다면 '결론 → 본론(원인, 이유, 문제점)' 순으로 작성하시고 수차례 읽어 보고 어색함은 없는지 살펴보셔야 합니다.


## 세상에서 제일 힘든 일 = 힘 빼기

무더운 여름날 더위를 식히기 위해 워터파크에 갔습니다. 구명조끼를 입고 아들과 함께 물장난을 치며 놀았습니다. 겨우 허리춤 정도 오는 깊이지만 저는 어린 아들 앞에서 물에 빠져 죽는시늉을 하며 "지후야! 아빠 좀 살려줘!"라며 아들을 놀리고 있었는데, 아들 녀석이 옆으로 와서 한마디 하더군요.

"아빠! 힘을 빼세요. 그러면 물 위로 떠요."

6살 난 꼬맹이도 이해한 말이지만 저에게 힘을 뺀다는 말은 그렇게 쉬운 말이 아닌 것 같습니다. 발표를 할 때나 골프를 칠 때 항상 듣는 말이 '힘을 빼라!'는 말입니다. 발표를 할 때는 청중 앞에서 '잘해야지!'라는 생각이 들고, 골프를 칠 때는 '더 멀리 보내야지!'라는 욕심이 몸에 힘이 들어가게 해서 일을 망쳐 버립니다.

저도 잘 알지 못하는 '힘 빼기' 방법을 여러분에게 설명을 한다는 것은 이치가 맞지 않은 것 같습니다. 다만 한 가지 말씀드리자면 면접시험을 보러 갈 때 시험을 보는 게 아니라 '무림 고수(면접관)에게 한 수 배우러 간다.'라고 생각하세요.

시험이란 것이 본인의 지식을 말하고 평가를 받는 것이지만 소통 능력도 평가의 중요한 부분이 될 수 있다고 생각합니다. 소통이 원활하다는 것은 정답의 여부를 떠나 서로의 생각을 충분히 주고받았다고 볼 수 있습니다. 그리고 비록 묻는 요지에 답을 하진 못했지만 그 상황에서 대처하는 순발력도 평가의 요소가 될 수 있습니다.

## 모르는 문제가 나왔을 때

잘 알지 못하는 문제가 나오면 억지로 답을 하기보다는 솔직하게 대답을 하는 것이 좋습니다. 그렇다고 "죄송합니다. 잘 모르겠습니다." 라고 단호하게 대답하기보다는

"미처 거기까지는 공부하시 못했습니다."
"가르쳐 주시면 현업에서 적용토록 노력하겠습니다."
"알려 주시면 제가 담당하는 업무에 큰 도움이 될 것 같습니다."

위처럼 대답을 하면 자연스럽게 면접관의 설명을 들을 수 있습니다. 시간도 벌고 마음이 한결 차분해 짐을 느끼실 겁니다. 30분이라는 면접시간 동안 혼자 이야기하기보다는 서로 소통하는 것입니다.

면접시험을 보다 보면 면접관이 나와 다른 견해를 말씀하시는 경우가 있습니다. 그런데 이런 상황에서 본인의 지식과 경험이 옳다고 우겨서 뭐 하겠습니까? '다름과 틀림'을 인식하고 방향을 전환해야 하는데 이렇게 자기의 주장을 하다 보면 점점 파고드는 문제가 출제될 수 있습니다. 파고드는 문제가 출제되면 결국에는 면접자만 힘들어집니다. 결과도 좋을 수 없습니다. 이럴 때는 빨리 방향 전환을 하여야 합니다.

"들어 보니 맞는 말씀이지만 제 생각(경험)에는"
"미처 거기까지 생각해 보지 못했습니다."
"제 경험이 부족한 것 같습니다."

이외에도 여러 가지 힘든 상황이 생길 수 있는데요. 어떤 상황에 처하든 '경청'과 '겸손' 그리고 '배움'의 자세가 중요하며, 이런 자세가 '힘 빼기'의 첫 번째 단계가 아닐까요?

## 두 번째 면접시험

이름이 호명되고 면접장으로 들어서 자리에 앉았습니다.

"CM에 대해서 설명해 보세요." 처음부터 CM 문제였습니다. 다시 고문을 당하지 않기 위해 6개월 동안 CM 관련 서적과 교육자료, 논문, 인터넷에 떠도는 CM과 관련된 많은 자료를 공부한 후라 나름 자연스럽게 설명을 하였습니다.

전체 질문 중 다행히 CM에서 절반 이상을 물어보셨고 소나무의 종류와 영구배수공법에 대해서도 질문을 하셨습니다. 이 중 소나무 관련 질문이 조금 당황스러웠습니다.

"소나무에 대해서 아는 대로 말해 보세요."

"말씀드리겠습니다. 미송, 육송, 적송이 있으며 미송은 북미에서 주로 생산되며 적송은 붉은색을 띠어 적송이라 합니다. 주로 건축재나 가구재로 사용하고 있습니다."

"금강송을 아시나요?"

순간 아무 생각도 나지 않았습니다. 등 뒤로 식은땀이 흘러내리고 목이 뻣뻣해져 옴을 느꼈습니다. '금강송을 묻기 위해 소나무 질문을 했구나!'라는 생각이 들었습니다.

"죄송합니다. 들어 본 것 같은데 당황하여 기억이 잘 나지 않습니다."

"남대문 화재로 요즘 매스컴에서도 많이 나오던데 금강송을 몰라요? 춘양목은 들어 봤나요?"라며 조금 다그치는 말투로 물어보셨습니다. '앗, 남대문 이걸 놓쳤네!'라는 생각이 머리를 스쳤습니다. 그리고 여기서 좀 더 대답해 봐야 좋을 것이 없다는 생각이 들었습니다.

"요즘 기술사 공부로 주로 고시원에 있다 보니 TV를 못 본 지 오래되었습니다. 알려주시면 감사하겠습니다."

"우리나라 문화재에 사용되는 목재는….."부터 시작해서 '금강송', '춘양목' 등을 설명하십니다. 설명을 마치시면서 "이제 알겠어요?"라고 물어보셨습니다.

"현장에서 콘크리트만 치고, 콘크리트 공부만 했는데 알려 주시니 큰 도움이 되었습니다. 문화재에도 많은 관심을 가지겠습니다."

이런저런 질문들이 이어지고 면접이 끝날 무렵 면접관들의 표정에서 '합격'을 느낄 수 있었습니다.

"대답하느라 고생했는데 마지막으로 하고 싶은 말은 없나요?"
"네. 없습니다."라고 짧게 대답했습니다.

면접도 만족스러웠고 결과도 만족스러운 시험이었습니다.

## 면접시험준비

필기시험은 손이 기억해서 쓴다고 말씀을 드렸습니다. 그만큼 많이 써 보며 연습을 하셔야 하는데, 면접시험은 입이 기억해서 말을 하는 것입니다. 그래서 소리 내어 읽고 말하는 연습으로 면접시험을 준비하셔야 합니다.

앞서 설명드린 "말씀드리겠습니다."라는 짧은 문장도 자주 쓰지 않으면 시험장에서 쉽게 뱉을 수 없는 말입니다. 예상문제와 예상답안을 준비하는 것도 중요하지만 상황에 따라 대처하는 답변을 정리하고 자주 말하는 연습을 하는 것이 좋습니다.

면접시험은 TV에 나오는 퀴즈쇼처럼 '맞다.', '틀리다.'로 채점을 하는 방식이 아님을 아셔야 합니다. 단답형 문제가 출제될 수 있지만 때로는 꼬리에 꼬리는 무는 문제도 출제될 수 있습니다.

그래서 예상답안 작성과 더불어 항상 마인드맵을 보면서 머릿속에 큰 그림을 그리는 연습을 하시고, 마인드맵 속에서 질문을 찾고 가지의 흐름과 방향으로 다른 사람에게 본인의 생각을 설명(설득)하듯이 말하는 연습은 큰 도움이 됩니다.

## 면접시험 당일

　시험 당일 첫인상을 위해 깔끔한 정장 차림에 넥타이를 매고 구두를 신는 것이 예의라고 생각합니다. 본인의 소속을 알릴 수 있는 배지(Badge) 착용은 금지되어 있으니 주의를 하셔야 합니다.

　인사를 할 때 일명 '폴더인사', '배꼽인사' 등 과도한 동작의 인사는 주의하시고, 큰절을 한다거나 거수경례를 하는 경우 등은 탈락의 원인이 될 수 있습니다. 인사를 할 때는 두 손은 가볍게 쥐고 차렷 자세로 허리와 고개를 조금 숙이며 시선은 면접관의 눈에서 바닥으로 향하시면 됩니다. 착석은 면접관의 신호를 기다리고 허리를 곧게 해서 단정하게 앉도록 합니다. 인사는 들어갈 때도 중요하고 나올 때도 중요합니다.

　일반적인 사항과 주의사항은 시험장에서도 알려 주지만 시험장에 들어서서 착석까지는 시험을 앞두고 며칠 전부터 연습을 하시길 바랍니다.

## 〈상황별 답변 만들기〉

여러분이 생각하는 상황별 답변을 작성하고 자주 연습하세요.

- 질문을 되물을 때
- 대답을 시작할 때
- 대답을 마쳤을 때
- 결론부터 말할 때
- 모르는 문제가 나왔을 때
- 면접관과 생각(경험)이 다를 때
- 깊이 있게 파고들 때
- 잘못 대답했을 때

꿈을 날짜와 함께 적으면 그것은 목표가 되고, 목
표를 잘게 나누면 그것은 계획이 되며, 그 계획을
실행에 옮기면 꿈은 실현되는 것이다.

- 그레그 S. 레잇

실행
(ACTION)

# 동기부여 쉽게 유지하는 방법

## 동기부여 되었을 때 다음 단계 실행하기

저는 '선순환'을 설명해 드리면서 기술사 공부의 선순환의 흐름을 타기 위해 순환의 시작점에 서 있으면 된다고 말씀드렸습니다. 그리고 선순환의 시작점부터 무엇을 어떻게 공부할지 전체적인 흐름을 살펴보았습니다. 책을 읽으며 조금이라도 동기부여가 되었다면 여러분은 선순환의 시작점에 서 있는 것입니다. 선순환은 다음 단계로 진행하면서 파급효과를 가져옵니다. 그래서 조금이라도 동기부여가 되었을 때 다음 단계로 진행하여야 합니다.

그런데 책이라는 것이 책을 펼쳤을 때와 덮었을 때 마음이 달라집니다. 화장실 들어갈 때와 나올 때 마음처럼 말입니다. 책을 펼치고 덮는 행동처럼 '동기(動機)'라는 것도 쉽게 생겼다가 쉽게 사라집니다. 그래서 동기부여를 쉽게 유지하기 위해서는 지금 바로 실천을 하는 것이 중요합니다. 책을 펼쳤을 때 마음처럼 조금이라도 동기부여가 되었을 때 사라지지 않도록 말이죠.

먼저 Q-net에 접속해서 기술사 기출문제를 다운로드받으세요. 공부를 한다고 생각하지 마시고 기출문제 분석을 위한 준비작업을 하는 것입니다. 그냥 다운로드만 받으세요. 10년 치 정도면 충분합니다.

이제 막 공부를 시작했든 1~2년을 했든 간에 그동안 기출문제 분석이 되지 않았다면 무조건 기출문제 분석부터 시작하셔야 합니다. 외우지 않아도 됩니다. 무거운 짐을 하나하나 벗어 던진다는 마음으로 시작하시기 바랍니다.

이 책을 덮기 전에 말입니다.

# 엑셀(Excel)로
# 기출문제 분석 쉽게 하기

## 엑셀(Excel)로 기출문제 분석하기

기출문제를 다운로드받으셨다면 각자가 응시하는 종목의 기술사 기출문제를 분석하는 방법에 대해 설명해 드리겠습니다. 분석을 위해 우리가 흔히 사용하는 마이크로소프트사의 엑셀(Excel)을 사용할 것입니다.

여러분 중 Excel을 어느 정도 다룰 수 있다면 각자 다양한 방법으로 분석을 할 수 있을 것입니다. 다만 Excel에 능숙하지 못한 분들은 데이터 테이블 만들기와 과목 및 키워드 입력까지는 반드시 작성하시고 나머지 과정은 카페에 올려둔 프로그램을 이용하시기 바랍니다.

# 데이터 테이블 만들기

아래 그림과 같이 A 열부터 출제연도, 회차, 교시, 문제번호, 문제, 과목, 키워드 순으로 데이터 필드를 작성합니다. 그리고 Q-net에서 다운받은 기출문제(Hwp 또는 PDF) 파일을 열어 드래그 후 복사, 붙여넣기를 반복합니다. 최근 10년의 자료이니 기술사 종류마다 다르겠지만 1년에 3회 시험을 친다고 가정했을 경우 930행(문제) 정도가 되겠네요.

| | A | B | C | D | E | F | G | H |
|---|---|---|---|---|---|---|---|---|
| 1 | 년도 | 회차 | 교시 | 번호 | 문제 | 단원(과목) | 키워드 | |
| 2 | 2018 | 116 | 1 | 1 | 창호의 지지개폐철물 | 금속창호공사 | 개폐철물 | |
| 3 | 2018 | 116 | 1 | 2 | 건설원가 구성 체계 | 적산 | 원가계산 | |
| 4 | 2018 | 116 | 1 | 3 | 거멀접기 | 금속창호공사 | 거멀접기 | |
| 5 | 2018 | 116 | 1 | 4 | 표준관입시험 | 토공사 | 표준관입시험 | |
| 6 | 2018 | 116 | 1 | 5 | 콘크리트 블리스터 | 콘크리트 | 블리스터 | |
| 7 | 2018 | 116 | 1 | 6 | 건축공사의 토질시험 | 토공사 | 토질시험 | |
| 8 | 2018 | 116 | 1 | 7 | 마이크로파일공법 | 기초공사 | 마이크로파일 | |
| 9 | 2018 | 116 | 1 | 8 | 콘크리트 진공배수공법 | 특수콘크리트 | 진공 콘크리트 | |
| 10 | 2018 | 116 | 1 | 9 | 열관류율 | 단열/차음공사 | 열관류율 | |
| 11 | 2018 | 116 | 1 | 10 | 알루미늄 거푸집공사 중 Drop Down System 공법 | 거푸집 | AL Form | |
| 12 | 2018 | 116 | 1 | 11 | 건설업 기초안전보건교육 | 공사관리 | 기초안전보건교육 | |
| 13 | 2018 | 116 | 1 | 12 | 비탈형 거푸집 | 거푸집 | 비탈형 거푸집 | |
| 14 | 2018 | 116 | 1 | 13 | 균형철근비 | 일반구조 | 균형철근비 | |
| 15 | 2018 | 116 | 2 | 1 | 철골공사 현장용접 검사방법에 대하여 설명하시오. | 철골공사 | 비파괴시험 | |
| 16 | 2018 | 116 | 2 | 2 | 건축물에 작용하는 하중에 대하여 설명하시오. | 일반구조 | 하중 | |
| 17 | 2018 | 116 | 2 | 3 | 건축공사 시 단계별 공기지연 발생원인과 방지대책에 대하 | 공정관리 | 공기지연 | |
| 18 | 2018 | 116 | 2 | 4 | 흙막이공법을 지지방식으로 분류하고 Top-Down 공법으로 | 토공사 | Top Down | |
| 19 | 2018 | 116 | 2 | 5 | 경량기포 콘크리트의 종류 및 선정 시 고려사항에 대하여 | 특수콘크리트 | 경량 콘크리트 | |
| 20 | 2018 | 116 | 2 | 6 | 단열재 시공부위에 따른 공법의 종류별 특징과 단열재 재질 | 단열/차음공사 | 단열공법 | |
| 21 | 2018 | 116 | 3 | 1 | 건설현장의 세륜시설 및 가설울타리 설치기준에 대하여 설 | 가설공사 | 가설울타리, 세륜시설 | |
| 22 | 2018 | 116 | 3 | 2 | 철골공사의 베이스플레이트 설치방법에 대하여 설명하시오 | 철골공사 | 앵커볼트 | |
| 23 | 2018 | 116 | 3 | 3 | 콘크리트 중성화의 영향 및 진행과정과 측정방법에 대하여 | 콘크리트 | 중성화 | |

〈Excel Sheet Data Table〉

# 메모장 활용하기

*제목 없음 - Windows 메모장
파일(F)  편집(E)  서식(O)  보기(V)  도움말(H)
1. 혹서기(酷暑期) 건축공사 현장의 안전보건 관리방안과 밀폐공간작업 및 집중호우
관리방안에 대하여 설명하시오.  - 2줄
2. 시공책임형 건설사업관리(CM at Risk) 발주방식의 특징과 공공부문 도입시 선결조건 및
기대효과에 대하여 설명하시오.  - 2줄
3. 거푸집공사에서 시스템동바리(System Support)의 적용범위, 특성 및 조립시 유의사항에
대하여 설명하시오.  - 2줄
4. SPS(Strut as Permanent System) Up-Up 공법에 대하여 설명하시오.  - 1줄
5. 6층 건축물의 외단열공법으로 시공 시 화재확산방지구조에 대하여 설명하시오. - 1줄
6. 고내구성 콘크리트의 적용대상, 피복두께 및 시공 시 고려해야 할 사항에 대하여
설명하시오.  - 2줄

〈기출문제(pdf, Hwp)를 메모장에 붙여넣기 한 상태〉

위 그림은 PDF나 Hwp 파일에서 기출문제를 드래그하여 메모장
에 붙여넣기 한 그림입니다. 보시는 바와 같이 문제가 2줄인 문제도
있고 1줄인 문제도 있습니다.

그런데 PDF나 Hwp 파일에서 드래그하여 붙여넣기 하는 경우 문
제가 2줄 이상인 경우 Excel에 바로 붙여넣기를 하면 1줄로 만들기
위한 편집 작업이 불편합니다. 그래서 Windows 보조프로그램인 '메
모장'을 이용하시면 조금 더 편하게 편집할 수 있습니다.

기출문제  copy  1줄 편집  copy  DATA TABLE

Excel로 붙여넣기 하기 전에 2줄인 문제는 [Backspace, ←]나 [Delete]키를 이용하여 1줄로 정리합니다. 그리고 문제번호와 문제가 분리될 수 있게 [Tab]키를 이용하여 분리합니다. 아래와 같은 그림이 됩니다.

〈메모장에서 1줄로 편집한 상태〉

마지막으로 메모장을 [Ctrl + A] 하여 전체 선택하고 [Ctrl + C]로 복사한 후 [Ctrl + V]하여 Excel에 붙여넣기 하면 여러 문제를 한꺼번에 입력할 수 있습니다.

그림이 있는 문제는 그림을 포기하시고 텍스트의 문제만 입력하시기 바랍니다. 기술적으로 불가능한 것은 아니지만 시간이 많이 소요되는 문제입니다. 텍스트만 정리해도 10년 치를 정리한다면 꼬박 하루(8시간)의 시간을 필요로 하는 작업입니다. 가족에게 부탁하거나 동료들과 나누어 작업을 하면 시간을 아낄 수 있습니다.

## 과목 및 키워드 입력

이제부터가 중요합니다. 과목 및 키워드를 문제마다 빠짐없이 기록하여야 하는데 문제마다 하나씩 입력하게 되면 많은 시간이 소요됩니다. 그래서 Excel에 있는 필터 기능을 활용할 것입니다. 데이터 테이블이 완료되었다면 상단의 행을 선택하시고 [데이터] 〉 [필터]를 선택하시면 필터 기능을 활용할 수 있습니다. 가장 상단의 문제부터 차근차근 아래로 시작하는 것이 좋으며 문제의 필터 기능을 활용해 필터링하면 입력한 기출문제에서 같은 키워드로 출제된 문제들이 필터링 됩니다. 이때 과목은 가지고 있는 교재를 기준으로 분류하고 키워드는 문제에 내포한 키워드를 입력하면 한 번에 여러 문제의 내용을 입력할 수 있습니다.

〈필터 검색란에 Top Down을 입력한 결과〉

과목과 키워드를 입력할 때는 맞춤법과 띄어쓰기에 주의하셔야 합니다. 예를 들어 '철근콘크리트공사'를 '철근_콘크리트_공사'와 '철근_콘크리트공사', '철근곤크리트공사'등 여러 내용으로 입력하게 되면 각각 다른 과목으로 분류됩니다. 키워드도 마찬가지입니다. Excel이라는 프로그램이 똑똑한 프로그램 같지만 이런 부분에서는 멍청한 프로그램이거든요.

가끔 한 문제에 두 가지 이상의 키워드를 물어보는 문제가 있는데 이때는 본인이 잘 아는 키워드로 먼저 정리를 합니다. 키워드의 지정은 범위를 어떻게 정하느냐에 따라 유사한 문제가 많이 생길 수도 있고 1개의 문제가 될 수도 있어 분석하는 사람마다 다른 결과를 가져올 수도 있습니다.

아직 공부를 하기 전이라 키워드가 떠오르지 않는 경우는 비워 두고 가세요. 대부분 1회 정도 출제된 문제이고 반복학습을 하다 보면 하나둘씩 채워집니다. 때로는 잘못 알고 입력한 키워드도 가려집니다. 최대한 많이 채운다고 생각하고 작성하고 교재와 수집한 자료를 참조하시면 도움이 됩니다. 시간은 대략 2~3일(8시간/일) 정도 소요된다고 생각하시고 작업을 하시면 됩니다.

키워드 입력에서 주의할 점은 반드시 본인이 직접 하여야 합니다. 약 2~3일의 시간이 소요되지만 이 과정을 통해서 10년간의 기출문제를 파악하는 중요한 과정입니다. 단지 기출문제 분석만을 위한 작업이 아니라는 점을 강조하고 싶습니다. 약 80%만 정리되었다고 하더라도 앞으로 무엇을 공부할 것인지 목표를 잡는 데 큰 힘이 될 것입니다.

## 매크로 실행

데이터 테이블이 어느 정도 작성이 되었다면 기출문제 분석 프로그램에서 분석하기 버튼을 누르시면 프로그램이 알아서 분석을 할 것입니다. 좀 더 다른 분석을 원하시면 옵션에서 '함수보기'를 선택하여 함수를 참조하세요. 단, 속도가 매우 느려질 수 있습니다.

# 탄력 있는 학습계획 (스케줄) 수립하기

## 실천 가능한 학습계획

가끔 학습계획을 너무 상세하게 작성하여 빈번히 학습계획을 수정한 경험이 있을 것입니다. 학습목표는 시간보다 진도를 기준으로 세워야 좋으며 너무 세분화하여 장기적인 계획을 세우면 오히려 실천하기 힘이 들 수 있습니다. 그래서 초기에 수립하는 학습계획은 Milestone 설정 후 실천 가능한 학습계획인지 정도만 파악하여 수립하는 것을 추천드립니다.

Milestone 설정이 적정하다고 판단되면 상세목표는 딱 1주일 단위로만 학습목표를 계획하고 실천하는 것이 좋습니다. 1주간의 목표가 완료되면 다시 1주일의 목표를 잡아 차근차근 진행해야 합니다.

현장에서 전체공정표, 월간공정표, 주간공정표를 작성하는 이유와 같습니다. 그리고 반복학습 기간에는 암기에만 집중을 하셔야 하며 서브노트 작성 기간에는 서브노트 작성에만 집중을 하셔야 효율적입니다.

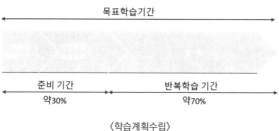

〈학습계획수립〉

## 학습 기간 산정

기술사 종목마다 다르겠지만 학습계획을 수립 첫 단계로 누적학습량(시간)을 설정하는 것이 중요합니다. 일반적으로 '몇 개월 만에 합격하겠다.'라는 목표가 아닌 '몇 시간 안에 합격하겠다.'고 설정을 하는 것입니다. 그다음은 하루 평균 학습시간을 설정합니다. 자투리 공부시간은 제외하고 본인이 하루 중 학습에 할애할 수 있는 최대 시간입니다. 누적학습량에서 하루 평균 학습시간을 나누면 목표로 하는 학습 기간(일, 개월)을 산정 할 수 있습니다.

〈학습 기간 산정〉

1. 누적학습량: 1,000시간

2. 일 평균 학습량: 5시간

3. 목표 학습 기간: 1,000/5 = 200일 ≒ 6.5개월

## 준비 기간 설정

목표 학습 기간이 산정되면 앞서 설명드린 대로 기출문제 분석과 마인드맵 그리고 서브노트를 작성하는 데 걸리는 시간을 산정 할 것입니다. 서브노트 작성까지가 준비의 기간으로 전체 학습 기간에서 30% 내외로 설정합니다. 저는 계산을 쉽게 하기 위해 준비 기간을 2.5개월로 설명드리겠습니다.

〈준비 기간 설정〉

1. 목표 학습 기간: 1,000/5 = 200일 ≒ 6.5개월

2. 준비 기간: 80일 ≒ 2.5개월

3. 기출문제 분석: 10일 ≒ 0.3개월 (10년 치 기출문제)

4. 마인드맵 작성: 15일 ≒ 0.5개월 (15과목)

5. 서브노트 작성: 55일 ≒ 1.7개월 (200개 키워드)

준비 기간이 너무 길어도 좋지 않지만 너무 짧으면 목표량을 달성하는 데 무리가 있을 수 있습니다. 그렇다면 역으로 실현 가능한 시간인지 체크를 해 보겠습니다.

기출문제 분석의 경우 데이터 테이블을 만들고 과목과 키워드를 입력하는데 소요되는 시간을 계산해 보겠습니다. 1일 5시간(300분) 동안 93문제(1년 치)를 분석한다면 1문제당 3분 정도의 시간이 필요합니다. 문제를 읽고 과목을 입력하고 키워드를 입력하는데 소요되는 시간입니다. 충분히 가능한 시간이며 10일 정도면 입력을 완료할수 있습니다.

위 설정대로면 마인드맵은 1과목 작성에 5시간이 소요되며 서브노트는 1개의 키워드를 정리하는 데 약 1.3시간이 소요됩니다. 서브노트의 경우 1주일 정도 서브노트를 작성해 보고 1개 작성에 드는 평균

시간을 산정해 보면 준비 기간 산정에 도움이 되리라 생각 듭니다.


## 반복학습 기간 산정

준비 기간 산정이 완료되면 나머지 기간(120일)은 반복학습을 위한 기간입니다. 작성한 마인드맵과 서브노트를 최소 7회 정도 반복한다고 생각하고 진도를 나가야 합니다.

| 구 분 | 1회 | 2회 | 3회 | 4회 | 5회 | 6회 | 7회 | 합계 |
|---|---|---|---|---|---|---|---|---|
| 학습일 | 40 | 28 | 20 | 14 | 10 | 7 | 5 | 122 |
| 학습시간 | 200 | 140 | 98 | 69 | 48 | 34 | 24 | 612 |
| 키워드 수 | 200 | 205 | 210 | 215 | 220 | 220 | 220 | |
| 소요시간/개 | 1 | 0.7 | 0.5 | 0.3 | 0.2 | 0.2 | 0.1 | |
| 소요시간(분)/개 | 60 | 41 | 28 | 19 | 13 | 9 | 7 | |

〈반복학습 기간 산정〉


위 표에서 처음 1회 반복할 학습일을 40일로 설정하고 다음 반복학습 때는 전회보다 약 30% 빨리 학습할 수 있다고 가정하여 7회 반복 시 소요되는 시간을 산정하였습니다. 다행히 122일 소요되며 목표일 120일에 근접합니다. 이렇게 설정된 일수에 하루 학습시간을 고려하여 계산하면 1회 반복 시에는 키워드 1개당 학습에 필요한 시간은 1시간이지만 7회 때는 약 7분 정도로 충분히 실천 가능한 학습계획인 것 같습니다.


## 프로그램 활용

위 설정은 어디까지나 설명을 위한 학습계획으로 기술사 종목과 개개인의 학습시간, 학습능력에 따라 달라질 수 있습니다. 위 방법대로 시간을 계산해 보면 실현 가능한 계획인지 아닌지 파악이 가능하며 각 단계별로 학습을 진행하며 좀 더 현실성 계획을 수립할 수 있습니다.

기출문제 분석이 완료되었다면 학습계획 프로그램에서 각각의 설정값을 입력하여 실천 가능한 계획을 수립하고, 마인드맵과 서브노트를 작성하며 좀 더 디테일한 일정계획을 수립하기 바랍니다.

# 마인드맵 쉽게 그리기

## 기술사 공부를 위한 마인드맵 작성법

기술사 공부를 위한 마인드맵을 작성하기 위해서는 교재선정이 중요합니다. 교재는 기술사 교재와 같이 문제와 답만 있는 책이 아닌 전공서적과 같이 시공 전반의 내용이 포함된 종류가 좋습니다. 책의 목차에서 범주(Category)가 상세히 나누어져 있으면 처음 마인드맵을 만드는 분들에게는 더할 나위 없는 교재입니다. 저는 대한건축학회에서 출간된 [건축기술지침]으로 마인드맵 작성을 위한 설명을 드리겠습니다. 마인드맵 작성을 위해 사용한 프로그램은 Think Wise입니다.

# 제5장 콘트리트공사

〈건축기술지침/대한건축학회 목차* 이미지〉

.....................................

\*　1개의 이미지로 보기 위해 목차의 많은 부분을 생략하여 작성함.

## 마인드맵 작성

1. 과목선택

마인드맵 작성을 위해 제일 먼저 과목을 선정해야 합니다. 프로그램을 이용하면 책 한 권 전체를 마인드맵으로 작성할 수 있지만 출력물 사이즈를 고려해서 우선 공부할 과목부터 작성하는 것이 효율적일 것입니다. 저는 설명을 위해 건축기술지침 중에서 [제5장 콘크리트공사]를 선택하였습니다.

목차 이미지에서 보는 바와 같이 목차가 단계별로 잘 나누어져 있습니다. 이런 경우라면 마인드맵에서 가지가 뻗어 나가는 단계별로 목차의 각 단계의 키워드를 입력하면 손쉽게 작성할 수 있습니다.

2. 범주(Category) 나누기

〈Category(범주) 나누기〉

범주를 나눌 때는 책의 목차에서 1단계 부분을 입력합니다. 저자가 책을 쓸 때는 각 장(Chapter)의 주제를 작업의 순서(Flow)나 작동 원리(Mechanism) 순으로 범주를 나누어 설명하고 있습니다. 그래서 첫 번째 범주를 책의 목차에서 1단계 부분을 활용하면 쉽게 나눌 수 있습니다. [건축기술지침]은 목차가 아주 상세히 작성되어 있어 마인드맵을 작성하기에 너무 쉽게 구성이 되어 있습니다. 그중에서 제일 먼저 나오는 Category를 먼저 작성해 봅니다.

### 3. 소주제 적기

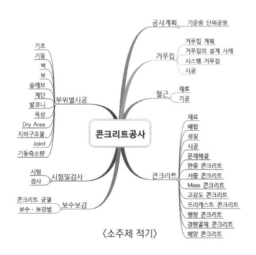

〈소주제 적기〉

[건축기술지침]과 같이 목차에 소주제(2단계 부분)가 나누어져 있는 경우가 아니라면 각 장(Chapter)을 펼쳐 보면 그 안에 소주제가 있는데 소주제를 다음 단계에 적어 내려가면 마인드맵이 조금씩 형태를

갖추기 시작합니다.

## 4. 분류하고 합하기

각 Category별로 소주제 양의 차이가 발생하는 경우는 Category별로 묶거나 나누어 소주제가 적절히 배치될 수 있도록 조정하는 작업입니다. 저는 4가지 정도의 Category로 다시 분류하겠습니다.

① 거푸집 및 철근공사　　② 콘크리트공사
③ 부위별 시공　　　　　④ 특수 콘크리트공사

이 중에서 ②번인 콘크리트공사를 보면 다음의 이미지와 같습니다. 앞 단계보다 가지가 1단계 더 뻗어 나가 있음을 알 수 있습니다.

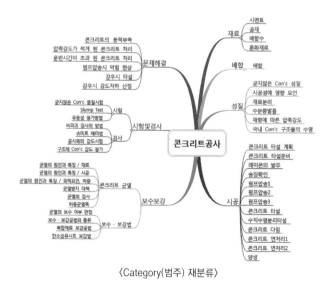

〈Category(범주) 재분류〉

위 그림에서 중복적인 키워드를 하나의 Category로 묶어서 정리를 하면 아래 그림의 점선 박스와 같이 간단히 정리를 할 수 있습니다. 마인드맵 전문 프로그램(Think Wise)을 이용하면 각각의 Category를 분류하고 합하는 과정은 언제든지 쉽게 수정 가능합니다.

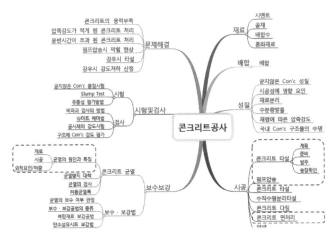

〈중복 키워드 정리(합하기)〉

5. 마인드맵 디자인 변경

아래의 이미지와 같이 마인드맵을 출력해서 보려고 할 때는 프로그램에서 지원하는 Map 디자인 변경으로 가능하며 방사형과 달리 작업의 흐름을 쉽게 파악할 수 있는 장점이 있습니다.

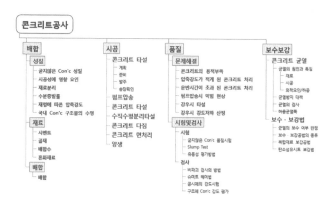

〈나열형 맵으로 변경〉

## 6. 요약하기

소주제에서 설명하고자 하는 내용을 키워드 위주로 요약해서 다음 단계(가지)에 적어 주면 됩니다. 이때 주의할 점은 단계가 너무 깊게 들어가지 않도록 하여야 합니다. 그리고 기출문제 분석에서 나온 키워드는 출제빈도와 상관없이 빠뜨림 없이 기록하여야 합니다. 중요한 키워드(빈출문제)는 별표 등의 기호나 형광펜으로 강조표시를 하면 됩니다.

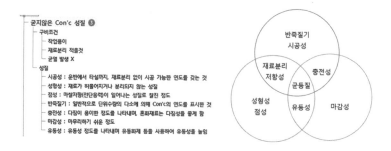

〈특정 키워드 요약한 상태〉

필요에 따라 그림, 표, 공식, 그래프 등을 넣어 주면 이해가 더 쉬워지고 시험 답안을 작성할 때 유용하게 활용할 수 있습니다.

## 7. 수식어 지우기

마인드맵을 작성해 보면 처음부터 키워드 위주의 마인드맵을 만들기가 쉽지가 않습니다. 이해가 부족할수록 문장 위주의 요약이 되기 쉬운데 문장 위주로 요약을 하면 마인드맵이 한눈에 들어오지 않습니다. 읽어야 할 단어들이 많아지고 한번 보는 데 시간도 많이 소요됩니다. 그래서 문장을 키워드(단어) 위주로 바꾸어야 합니다. 문장을 키워드로 바꾸는 가장 좋은 방법은 마인드맵을 반복해서 자주보는 방법입니다. 반복학습으로 키워드만으로도 해당 내용이 충분히 이해가 되면 수식어를 지움으로써 핵심키워드만 들어있는 마인드맵으로 바뀌게 되고 다시 볼 때는 이전에 볼 때보다 훨씬 빠른 속도로 볼 수 있습니다.

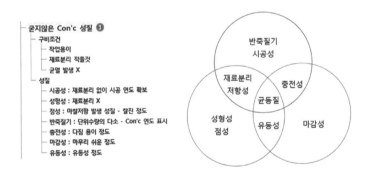

〈수식어 및 조사 삭제〉

## 마인드맵 작성원칙

　마인드맵을 작성하기 전에 해당 과목의 내용을 한번 빨리 읽어 보고 작성합니다. 정독보다는 빠른 속도로 훑어보면서 대충 어떤 내용과 구성으로 되었는지 확인하는 정도면 보다 빨리 마인드맵을 작성할 수 있습니다. 처음부터 완벽할 수 없습니다. 처음에는 소제목 정도까지만 작성합니다. 그리고 서브노트를 작성하거나 공부 범위를 확장하면서 관련 키워드를 조금씩 보완해 나갑니다. 마인드맵 프로그램을 활용하면 한 개의 과목을 작성하는 데 4~5시간 정도면 충분한 시간입니다. 그림이나 도표, 그래프, 공식 등을 그려서 넣는 부분에서 시간이 많이 소요되긴 하지만 화면캡처 기능을 이용해서 블로그나 서적의 이미지를 그대로 활용하면 시간을 줄일 수 있습니다.

　직접 마인드맵을 작성하는 데 어려움이 있다면 처음에는 학원에서 내어 주는 마인드맵이나 다른 합격자의 마인드맵을 참조하여 똑같이 만들어 보면 쉽게 만들 수 있습니다. 다른 합격자나 학원에서 제공하는 마인드맵에는 그분들 나름의 노하우가 들어있고 이 또한 수차례의 보완과 수정을 통해 만들어진 결과물입니다. 다른 종목의 기술사는 잘 모르겠지만 건축시공기술사를 공부하시는 분은 '장판지'를 모르는 분은 없을 것입니다. 종로기술사학원 김우식 원장님이 만든 마인드맵을 일명 '장판지'라고 칭하며 많은 기술사 수험생들이 '장판지'로 공부하고 있습니다. 이렇게 학원에서 제공하는 마인드맵이 있다면 시간을 좀 더 절약할 수 있을 것입니다. 만약 지금 다니는 학원에서 마인드맵을 제공하지 않는다면 앞에서 설명한 방법으로 반드시 마인드맵을 작성해서 공부하여야 합니다.

### 〈마인드맵 작성요령〉

1. 1개의 과목을 1장에 작성(출력물을 고려해서 조정 필요)

2. 시간의 흐름 순 또는 작동원리 순으로 작성

3. 빈출문제는 강조표시

4. 도표, 그래프, 그림 활용

5. 기호나 한자 등 활용(O, X, ↑, ↓, 好, 無, 多, 少….)

6. 두문자 활용(남용은 금물)

7. 과목별 기출문제가 빠짐없이 들어갈 수 있도록 작성

8. 처음 공부를 시작하는 과목부터 하나씩 작성

9. 처음부터 완벽하게 작성하려고 욕심내지 않기(1과목에 4~5시간)

이렇게 키워드로 마인드맵을 만들면 각각의 키워드가 어떤 연관성을 가지고 있는지 한눈에 볼 수 있습니다. 머릿속이 깔끔하게 정

돈되고 반복해서 볼수록 암기가 아닌 이해가 된다는 느낌을 받을 수 있습니다. 자신도 모르게 암기가 되어 있음을 시험장에서 절실히 느낄 것입니다.

# 서브노트 쉽게 작성하기

## 서브노트의 형식

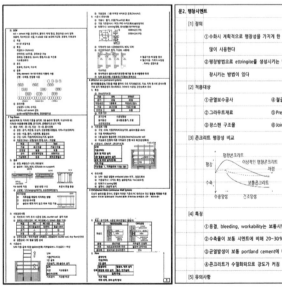

〈노트형〉　　　　　　　　　　〈답안형〉

서브노트 형식은 특별히 정한 바는 없습니다. 본인의 공부 스타일에 따라 몇 가지 형식으로 작성을 하는데 기구미 카페에 올라온 서브노트를 보면 2가지 정도로 구분할 수 있습니다. 하나는 노트형식으로 한 페이지에 여러 개의 키워드(문제)를 넣어 최대한 출력되는 양을 줄인 것이고 다른 하나는 답안양식과 똑같은 형식으로 작성하여 답안 작성 연습을 할 때 좀 더 도움이 되도록 한 것입니다. 출력물 형태로 가지고 다니기에는 노트형식이 장점이 있고 스마트폰이나 노트북 등을 이용한다면 답안형식도 좋습니다.

## 서브노트 작성요령

서브노트를 작성하실 때는 잘 작성된 서브노트 1~2개를 참조하여 어떤 형식으로 어떻게 작성할 것인지 결정합니다. 수기로 작성해도 좋고 한글이나 Excel, One Note 등 프로그램을 활용해도 좋습니다. 본인에게 익숙한 방법을 선택하면 됩니다. 단, 서브노트는 언제든지 추가되어 확장됨으로 적정한 위치에 삽입할 수 있는 구조로 만들 수 있는지 고민하셔야 합니다.

작성 전 정리하고자 하는 키워드의 기출문제를 반드시 확인하고 출제된 문제에서 요구하는 항목들이 어떤 것이 있는지 파악하여야 합니다. 서브노트를 보면서 항상 연관된 키워드가 무엇인지 관련 문제를 해시태그 형식 등으로 별도 표기하는 것도 좋은 방법입니다.

구글이나 네이버 검색으로 관련 키워드의 다양한 이미지를 검색하여 서브노트에 추가하면 이해가 쉽고 답안 작성에도 도움이 될 것입니다. 내용은 서술형보다 키워드 위주로 작성하고 기호 등을 이용하여 되도록 글자 수를 줄이는 노력도 필요합니다.

처음부터 완전히 새로운 서브노트를 만드는 것이 아니라 교재나 잘 작성된 서브노트 등을 그대로 활용하되 이해가 되지 않는 부분이나 추가적으로 보완해야 할 부분을 본인이 직접 정리하고, 점차 확장해 나간다고 생각하셔야 서브노트 작성에 노력을 줄이고 빨리 작성할 수 있습니다.

### 〈서브노트 작성요령〉

1. 키워드 관련 기출문제 반드시 확인(유사문제 그룹화)

2. 참고 자료에서 공통적으로 설명하는 내용 요약

3. 여러 문제에 공통적으로 적용할 수 있는 아이템 정리

4. 어려운 단어는 쉬운 단어로 순화

5. 서술보다는 키워드 위주로 축약

6. 그림, 표, 그래프, 순서도, 공식 활용

7. 유사한 키워드(관련 문제) 확인

8. 현장 경험 정리

## Latte is horse/라떼는 말이야

시대가 변했습니다. 시대가 변하면서 공부법에도 많은 변화가 생기고 있습니다. 그렇지만 시대가 변해도 변하지 않는 것들이 있는데요. 학습계획수립, 키워드, 반복학습, 모의테스트 등은 과거도 그랬고 미래에도 바뀌지 않을 불변의 공부법일 것입니다. 그런데 과거 칠판만 사용하던 학교에 빔프로젝터가 들어오고 대형 TV와 태블릿PC, 이제는 AR, VR 등 다양한 학습도구를 사용하는 시대에 살고 있습니다.

만약 기출문제 분석을 위해 계산기를 두들겨야 한다면 차라리 그 시간에 공부 몇 자 더 하는 것이 좋을 수도 있습니다. 하지만 시대는 변했습니다. 그렇다면 우리가 사용하는 학습도구도 바꿔 보는 건 어떨까요?

## 마인드맵 프로그램 이용하기

저도 기술사 공부할 때 마인드맵을 수기로 만들었습니다. 처음에는 학원에서 내어 주는 일명 '장판지'라는 마인드맵을 무작정 쓰면서 외우기 시작했습니다. 그렇지만 공부를 하면 할수록 자신이 공부한 내용으로 조금씩 마인드맵을 보완하고 수정하다 보니 학원에서 내어 준 마인드맵을 완전히 새로 고쳐야 하는 상황이 되었습니다. 그래서 한글(Hwp)도 사용해 보고 엑셀(Excel)도 사용해 보았지만 쉽지 않더군요. 결국에는 A3 용지에 손으로 직접 그려가며 마인드맵을 만든 기억이 나는데요.

기술사 합격 후 우연히 마인드맵 프로그램을 접할 기회가 있어 사용해 보았는데 이런 프로그램을 왜 진작 알지 못했나 할 정도로 편리했습니다. 인터넷 검색창에 '마인드맵 프로그램'이라고 검색을 하면 몇 개의 프로그램이 있음을 알 수 있는데 그중에서 '씽크와이즈'라는 프로그램을 구매해서 사용하고 있습니다. 앞에서 마인드맵 작성법 설명을 위해 사용한 프로그램도 '씽크와이즈'입니다.

'씽크와이즈'를 사용하면 한글이나 Excel 프로그램보다 많은 노력을 줄일 수 있다는 점입니다. 마인드맵 전문 프로그램으로 다양한 맵을 지원하며 마인드맵 프로그램을 잘 활용하면 마인드맵과 서브노트를 구분해서 정리할 필요가 없습니다.

본인만의 마인드맵을 만들어 공부를 하고자 한다면 반드시 전문 프로그램의 사용을 권합니다. 기술사를 준비하는 모든 분들에게 시간만큼 소중한 것이 어디 있겠습니까? 시간을 돈으로 살 수 없겠지만 조금만 투자하면 시간과 노력을 모두 아낄 수 있습니다.

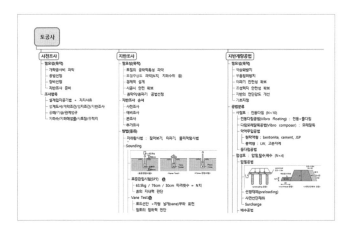

〈씽크와이즈 PC 버전〉

마인드맵 프로그램을 선정할 때 고려할 점은 금전적인 부분도 있겠지만 스마트폰과 연동이 되는지를 살펴보아야 합니다. 마인드맵을 출력물로 들고 다니면서 공부를 해 보면 장소나 시간의 구애를 받게 됩니다. 그러나 스마트폰에서 본인이 작성한 마인드맵을 볼 수 있다면 자투리 시간을 활용하는 데 큰 도움이 될 것입니다.

〈맵 모드〉 〈트리노트 모드〉

〈씽크와이즈 모바일 버전〉

## OneNote 프로그램 활용하기

자료의 수집 및 노트 메모를 빠르고 쉽게 할 수 있는 프로그램을
소개합니다. 한글(Hwp)이나 워드(Word) 프로그램이 아닌 Microsoft
사의 OneNote라는 프로그램입니다. 회사나 집에 Excel이나
PowerPoint 프로그램이 설치되어 있다면 아마도 OneNote도 포함하
여 설치되어 있을 가능성이 높습니다. 만약에 설치되어 있지 않다면
구매를 하거나 웹 버전을 사용하셔도 좋습니다. 그리고 OneNote와
비슷한 Ever Note라는 무료 프로그램도 있는데 저는 OneNote를 사
용하기 때문에 이 책에서는 OneNote에 대해 설명하겠습니다.

OneNote는 서브노트를 작성하는데 한글(Hwp)보다 월등히 빠른 속도로 작성할 수 있습니다. 상단 섹션을 과목으로 구분하고 우측 페이지를 추가하여 요약할 키워드의 서브노트를 만들 수 있습니다. 이미지는 화면캡처나 스마트폰 사진을 그대로 삽입할 수 있어 이미지 삽입이 쉽고 유튜브나 네이버에 있는 동영상도 삽입할 수 있어 종이에 만들어진 노트보다 활용성이 뛰어납니다. 그리고 논문이나 참고한 블로그 등을 하위페이지에 스크랩하여 필요하면 열어볼 수 있어 노트를 보다가 이해가 되지 않을 때 즉시 열어 볼 수 있습니다.

그리고 클라우드 서버(One drive 또는 Drop Box)를 이용해서 집 또는 회사에 있는 PC 그리고 스마트폰을 동기화하여 대중교통으로 출퇴근 또는 출장 시 별도의 노트를 들고 다니지 않더라도 언제든지 확인이 가능하며 바로 보완이나 수정이 가능합니다.

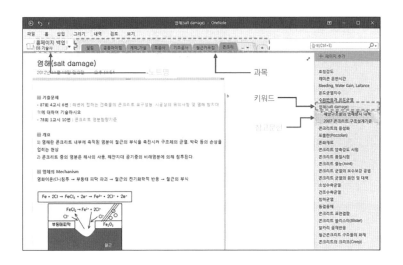

〈원노트 PC 버전〉

〈원노트 스마트폰 버전〉

　위 그림은 스마트폰에서 단계별로 선택했을 때 보이는 이미지입니다. 百聞不如一見입니다. 사용법도 한글(Hwp)이나 워드(word)보다 쉬워서 몇 번만 작성해 보면 사용법을 금방 익힐 수 있습니다. 필요시에는 페이지를 출력하여 사용할 수 있으니 서브노트 작성 단계에서 적절히 활용을 한다면 서브노트 작성에 큰 도움을 줄 수 있습니다. 그리고 기술사 시험이 아닌 업무에 사용을 해도 좋은 프로그램이니 꼭! 사용해 보기를 바랍니다.

〈프로그램 선정 시 고려사항〉

1. 자료수집 및 입·출력 용이
2. 분류 및 정리 용이
3. PC 및 스마트폰과의 호환성

이렇게 각종 앱(APP)을 이용해서 마인드맵과 서브노트를 작성하는 방법을 소개해 드린 이유는 실제로 한글(Hwp)이나 엑셀(Excel)은 문서 작성에 적합한 프로그램으로 학습내용을 요약하거나 다양한 이미지를 활용하고 수집한 자료를 한 개의 파일로 관리하기가 쉽지 않다는 점입니다. 그리고 더욱 중요한 부분은 수집한 정보를 쉽게 분류하고 정리할 수 있다는 점입니다.

## 선순환 순서도(흐름도)

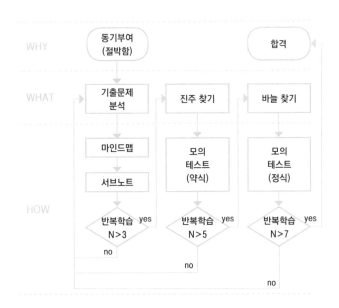

■

공부를 잘해 보겠다는 치구심이 지나 치면 오히려
공부가 안된다. 공부는 억지로 용을 써서 되는 게
아니다. 간절하되 자연스러워야 된다. 마음에 힘을
빼고 쉽고 편안하게 하라. 공부가 좀 되었다고 좋아
하지도 말고 공부를 더 잘하겠다는 욕심에 억지를
쓰지도 말고 그저 알 수 없는 그 자리를 향해 뚜벅
뚜벅 걸어가야 한다. 그게 공부다.

《힘 좀 빼고 삽시다.》 - 명진 스님

# 완벽은 없다

책을 마무리하며 수차례 다듬기를 반복하고, 보고 또 보지만 완벽하지 못해 아쉽습니다. 난생처음 책을 내는 것이라 지금의 기분은 마치 기술사 답안지를 제출한 상태와 같습니다. 기술사 시험을 마치고 집으로 돌아오는 길에 '이렇게 썼(답했)어야 하는데….'라는 아쉬움과 함께 '이젠 하늘에 맡겨야 한다.'라는 기분이 들었습니다. 지금도 같은 기분입니다. 세상엔 완벽함은 없나 봅니다. 이렇게 제 자신을 위로해 봅니다.

기술사를 준비하는 분들에게 마지막으로 전하고 싶은 한 가지도 '완벽은 없다.'입니다. 대부분의 합격자가 완벽하게 공부해서 기술사에 합격한 것이 아니라는 것입니다. '완벽하게 공부했으니 합격할 것 같다.'라고 생각하고 시험에 응시한 사람은 단 한 명도 없을 것입니다. 기출문제를 다시 보고 마인드맵과 서브노트를 수차례 고치며 수많은 자료가 온전히 본인의 것이 되는 반복의 과정을 거치며 본인도 예상치 못한 시점에 합격을 하는 것입니다. 만약에 완벽한 사람만 합격한다면 합격선은 100점이 되어야 할 것입니다. 그러나 기술사 시험은 60점만 넘으면 합격이 되는 것입니다. 물론 60점을 넘어서는 것이 쉽지는 않지만 그렇다고 그렇게 어려운 것도 아닙니다. 이 책을 다 보았다면 책에서 알려 준 대로 기출문제를 분석하고 마인드맵을 만들고 서브노트를 만들어 보세요! 다른 합격자가 만든 것과 비슷하게 만들어도 좋고 새롭게 만들어도 좋습니다. 스스로 준비한 과정들이 많이 부족하다고 느껴질지 모르지만 '지금 이 순간!' '지금 준비한 것'까지가 세상에서 가장 완벽한 상태임을 잊지 마시기 바랍니다.

우리나라에서 시행되는 대부분의 국가자격시험 합격선을 60점으로 정한 것은 나머지 40점은 자격을 취득한 후에도 해당 분야에서 끊임없는 노력과 관심으로 채워 가라는 의미라 생각합니다. 어찌 보면 합격선 60점은 기술사로서 새롭게 시작하는 출발선이 되는 것입니다. 이제부터 100점이라는 목표까지 40점을 채워 나가야 합니다.

회사에서 제안서를 작성하고 PT 발표 준비를 하거나 현장에서 보다 우수한 품질의 목적물을 만들기 위해 끊임없이 노력하는 많은 선후배 기술자들의 노력이 나머지 40점을 위함이라 자부합니다.

## 감사의 글

제가 막 사회에 발을 디딘 지 얼마 되지 않아 같이 근무하던 두 분의 선배님으로부터 책을 선물 받았습니다. 한 권은 《이형배의 Excel 97 VBA》이고 다른 한 권은 《튼튼하고 아름다운 건축시공 이야기》입니다. 지금 돌이켜 생각해 보면 이 두 권의 책이 저의 일을 즐기면서 할 수 있는 큰 바탕이 된 것 같아 두 선배님께 감사의 말씀을 드립니다.

저는 《튼튼하고 아름다운 건축시공 이야기》를 읽는 순간 나도 이런 책을 한 권쯤 쓰고 싶다는 생각이 들었습니다. 기술서적이라기보다는 현장의 이야기를 들려주는 느낌을 받았기 때문입니다. 지금도 건축시공기술사 필독서 목록에 올라온 책이기도 합니다.

이후로 지금까지 책을 출간해야겠다는 생각을 버리진 않았지만 그동안 생각했던 책과는 조금 다른 기술사 공부법에 대한 책을 먼저 출간하게 되었습니다. 카페에 올려 주신 많은 합격수기를 참고하며,

기술사를 준비하는 분들께 조금이나마 도움이 되는 글을 써 보아야겠다는 생각에 펜을 들었습니다. 시간을 쪼개어 합격수기와 질문과 댓글을 올려 주신 많은 회원님께 감사드립니다.

마지막으로 항상 저를 응원하고 사랑 해주는 가족들에게 감사드립니다.

## 참고문헌

토니 부잔의 마인드맵 두뇌사용법/토니 부잔

토니 부잔의 마인드맵 북/토니 부잔

스토리식 기억법/야마구치 마유

공부하는 독종이 살아남는다/이시형 박사

마흔공부법/우스이 고스케

심리학, 미루는 습관을 바꾸다/윌리엄 너스

듣기만 해도 머리가 좋아지는 책/다나카 다카아키

Visual thinking 으로 하는 생각 정리 기술/온은주

마법의 냅킨/댄 로암

힘 좀 빼고 삽시다/명진 스님

기술사 합격 노하우/이춘호

종로기술사학원 장판지/김우식

건축기술지침/대한건축학회

네이버 지식백과/슬립스트림(체육학사전)

네이버 지식백과/마인드맵 (시사상식사전, 박문각)

기구미 카페/기술사합격수기 다수

폭풍의 질주(Days Of Thunder)/감독 토니 스콧

장기기억에 관한 설명/칼럼니스트 권장희

# 기술사 프로그램 다운로드 방법

## 1. 기구미 카페 회원 가입

1) 주소: cafe.naver.com/gigumi
2) 회원가입

## 2. 등업요청 메일 보내기

1) 아래의 쿠폰에 네이버 ID와 닉네임 기입
2) 쿠폰의 스크래치를 긁어 번호가 나오도록 사진 촬영 후
3) 사진과 함께 메일(bobiz@naver.com) 보내기
   (제목: 등업요청)

## 3. 다운로드

1) 카페 접속
2) 해당 카테고리 이동 후 다운로드

기술사 프로그램 다운로드 쿠폰

• 네이버 ID          • 카페 닉네임

※ 아래의 스크래치를 긁어주시면 쿠폰번호가 나옵니다.